李樂蘅 著
優雅如昔
古着中的時光流轉
eras of elegance
through past fashion
非凡出版

—— 推薦序一 ——

從一件衣裳
細賞生活中的餘韻

茫茫人海
究竟要多少緣份才能與「擦肩而過的人」相遇。

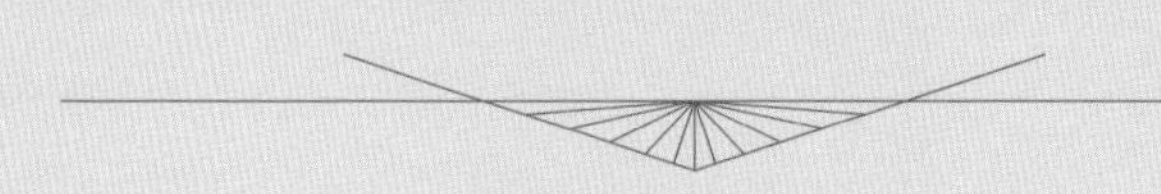

認識 Milki

結緣於 2014 年 7 月 12 日「添馬公園：交換草場 x 故事地攤」。

還記得當時的她，仍有點 Baby Fat，一臉稚氣，一身可愛造型，展露鋭不可擋潔白又純真的笑容。看着她一雙渾圓得像「珍寶珠」的黑眼睛，內心不禁暗自提問：「這女孩究竟來自哪一個星球？」互相簡介及閒談過後，她，熱情地送我一塊布料，以及「Vintage1961」宣傳單張，當天相遇故事終結於此。

過了不久，她來了上「文藝女生」的攝影課，自那天起，我們 on & off 在 facebook 聯繫，話題總離不開「靚」。「靚」好重要，例如去一個約會，去一間有格調餐廳，緊係要襯番 dresscode，成件事先至好玩。時裝其中一個意義，就是為日復日枯燥乏味的生活，增添美麗的情趣。

人生，遇到願意追求美麗又有趣的朋友，是一種福氣。

往後，我們開始嘗試合作不同攝影企劃，一起搜尋香港情懷小店、滿載香港舊日足跡的場景……這些經驗帶領着我們拓闊了生活視野及審美訓練。2018 年，我們決定一起合辦 Vintage Styling & Photo Workshop，將生活・古着時尚・攝影結合起來。以攝影形式推廣古着文化，讓一眾女生親身嘗試及感受優雅服飾所帶來的美感快樂。透過攝影，呈現各種自在生活的可能，引領她們開展個人成長的嶄新面貌，從而建立自信及自我價值。

2019 年 3 月 21 日，一個深夜的晚上，我與 Milki 漫步在跑馬地的電車路旁，她說將會出版一本關於 Vintage 的書籍。我嘩了一聲～～實在太好了。心裏替她感到非常興奮及驕傲。過去六年，她一直努力不懈，全神貫注投入 200% 熱情 ＋ 300% 勤奮於古着事業上。Milki 是一位凡事親力親為的女子，就連店舖牆身的油漆，都不願假手於人。穿起 T-shirt 短褲，到五金店，買油漆，買油掃，捲起衣袖，用報紙摺一頂三角帽子，二話不說，架起鋁梯，油呀油～油呀油～就這樣油足一天，儘管辛勞，她的臉上，依然掛着銳不可擋潔白又純真的笑容。

從她身上，我見證着，她如何透過「優秀的勤奮」從而活出「優雅自在的人生」。

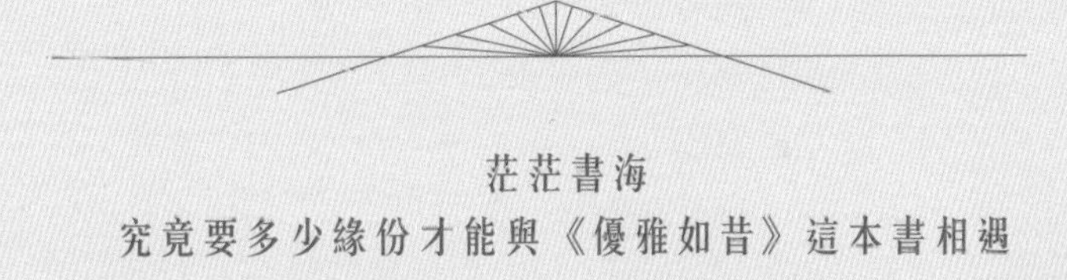

茫茫書海

究竟要多少緣份才能與《優雅如昔》這本書相遇

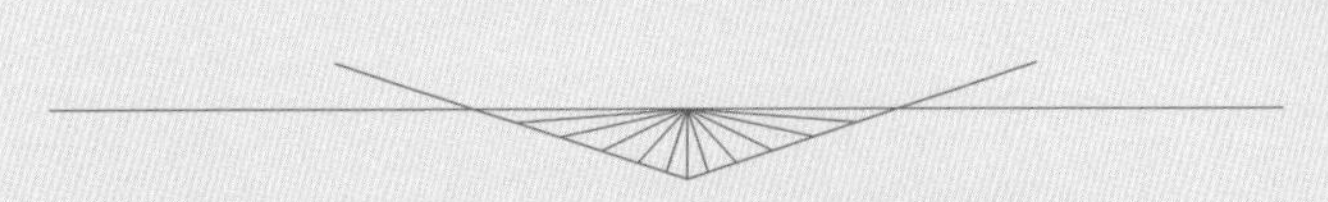

世間一切的相遇，我深信絕非偶然。《優雅如昔——古着中的時光流轉》記載着的不只是 Milki 用心整理的時裝歷史，當中最彌足珍貴的，是 Milki 一點一滴從世界各地搜集及累積起來的豐富收藏品分享，以及一個又一個鮮為人知的「時裝背後的動人故事」。Milki 將她豐富旅遊閱歷，濃厚美學知識，實務工作經驗，層次分明，井然有序，毫無保留，全然跟讀者分享。

願這本書籍
如聖經寶典一樣
啟迪着每位女生
自在寫意地活出各自各的優雅人生
隨着四季
延綿萬里

艾烈（文藝女生創辦人）
2020 年

推薦序二

喜歡古物舊衣的習慣源自家族訓練，親友之間習慣將小朋友的衣服饋贈交換，或將上一季的衣服送給其他家人。從一個家庭轉到一個家庭，一代傳一代，所以我自小已習慣穿戴他人衣裳，因為當中正蘊含家人之間的關懷、祝福。

青春期時期開始瞄準父母的衣櫃，將他們年青時代的衣裳逐件 mix and match，常被朋友笑謂：「家賊難防。」繼而慢慢拓展到其他長輩親戚的舊物，通通羅致成為個人珍藏。那時候流行找裁縫度身訂造，件件獨一無二，一針一線都有故事。

直至 90 年代下旬第二次踏足英倫，偶然閒逛 Portobello Road Market，上一刻剛用 5 鎊換來來自墨西哥的壓花紋皮製手挽袋（至今還經常使用），幾分鐘後又以超低價抱了毛絨大衣回家，全程樂而忘返，由此開啟自己往後漫遊世界各地的 flea market 及古着店之旅。後來當過短時間的時裝版記者，開始對古着文化產生概念，還記得當時經常留連美之尋寶，10 元一件洋裝俯拾即是。

或許是自己孤陋寡聞，在香港不常碰到優質的古着店，一般定價比較高，種類又不多。二來經過長時間的訓練，我傾向謹慎選擇，避免囤積過多物品。

友人於堅尼地城的店舖 The room 關門歇業後，我失落了好一段日子；某天在臉書上發現了 Vintage1961 的連結，從一對芭蕾舞者的耳環結緣，繼而到過銅鑼灣門市兩三次，真正跟「她」熟悉反而要數到上環店的年代。

如果我尚在大學兼教文化管理的課程，我會考慮邀請 Vintage1961 的店主 Milki Li 擔任 Branding 那一課的嘉賓。誠如她自己所說，她不只在做買賣古着的生意，更希望在香港推廣一種優雅時尚的生活態度，還有關注具歷史價值的工藝。君不見她身體力行，談吐衣着，裏裏外外就是箇中最佳的代言人。

單就「做生意」這一門學問上，我覺得小妮子非常有天份，入貨來源多樣化，質料上乘，又獨具慧眼，並非在其他二手市集上售賣的一般貨色。每次到店舖走一轉，或瀏覽 apps 的最新目錄，總能尋得寶物 / 心頭好。值得一讚的還有她做 e-marketing 的技巧，由相片的構圖、styling 的基本功，處處見心思。她又懂得捕捉顧客的心理，不時推出網上推廣優惠，我後來才知道她曾經在英國做過類似的工作，難怪如此得心應手。

見微知著，我非常欣賞 Milki 會為每件古着留下名片，記錄舊物的製造年份、國家及名稱 / 源頭，全部有名有姓有來歷。所以我若有幸「認領」這些舊物，我還是會繼續保留這些「身份證明書」，它們不只是死物，它們全都有過去。

我又看到 Vintage1961 有各項延伸活動：不時與媒體合作，舉辦懷舊攝影活動，或舉辦化妝造型工作坊等等……雖然我只曾與 Milki 簡單交談過幾次，根據以上觀察，我認為她不只是經營買賣古着生意，還期望推廣古着文化，説不定慢慢會變成一種復興古着的風潮氛圍、社群 community 。

這本書就是重要的一步。我衷心替 Milki 高興，別看她年紀輕輕，對時裝過去一個世紀的發展歷史瞭如指掌，坦白說，類似這樣題材的中文出版寥寥可數，這本書就能夠將時尚歷史發展做到深入淺出，再加上筆者

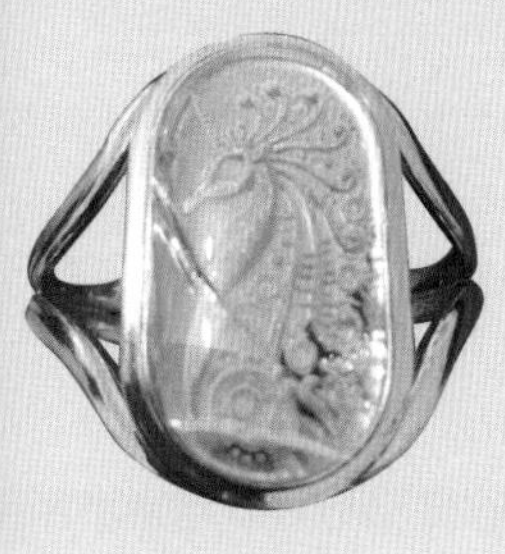

的個人詮釋經歷小故事，富知識性之餘，又有追看的趣味性。

最後我想為 Vintage1961 及 Milki 送上一隻刻有獨角獸花紋的手鐲，這也是我兩年前在那裏邂逅的一件寶貝：70 年代美國出品，上面玻璃反面的雕刻全部手工打磨，我即時一見鍾情，把它抱回家，可惜笨手笨腳的我不久便將它摔倒在地上，碎了…… 沮喪了好一陣子後，幸好跟 Milki 提起這件事，她二話不說便提供「售後服務」，將我轉介給一位懂得做金繼手藝的朋友，希望能重新組合這些玻璃碎片，逐步將獨角獸的面貌還原過來……目前還在癒合的階段，愈是期待愈是珍貴，這好比 Vintage1961 一直推崇優雅的生活態度，對工藝細節的關注，在香港這個講求速度、即食的城市，好像獨角獸般鶴立雞群，希望這份心思、願望能經得起考驗，繼續堅持下去。

鄺珮詩
藝術行政、電影監製

前言

塗上一抹紅唇、在及肩的捲髮戴上小禮帽、
夾着一雙 80 年代的珍珠耳環，
捷克的古董胸針溫柔地躺伏在細緻的蕾絲襯衫上；
一轉身，寬大的圓桌裙襬隨風飄起，
走在銅鑼灣的大街上，
在縱橫交錯的霓虹燈下，
我就像一個走進時光隧道的旅人。

愛上古着的原因有太多：老工匠巧手製作的溫度、設計者獨具慧眼的心思、背後藏着的失落回憶……每一樣都是古着讓人着迷的原因。但於我而言，古着代表的是一種永不褪色的優雅生活態度。

古着邂逅

我個人對舊物的鍾愛，卻是由一個熱衷尋寶、不怕骯髒的小女孩開始。

那時只有大概五六歲，在模糊的記憶中，我記得自己跟着幾位朋友仔去尋找刺激的新遊戲。於是，我們一行三四人走到屋邨的大垃圾房「尋寶」去。幾個細小的身軀在那些巨大的綠色垃圾箱中穿插，不時聽到「嘩」的興奮叫聲——幸好在這依稀的印象中並沒有殘留任何嗅覺回憶。我們幾個小鬼頭經常互相質問：「為甚麼如此完好的東西被當成垃圾呢？！」我每天貪婪地帶着戰利品回家，終被外婆揭發。當她發現我每天在垃圾堆中玩樂後氣得不可開交，更下令我不得再踏進垃圾房。我那時實在失望極了。

說到首次接觸古着的時間，應該是2004年，那是初中的年代，每星期的零用錢只有200元，扣除午餐和交通開支後，可用來添置新裝的錢實在所剩無幾。正值青春少艾的年華，當然不甘心於平凡的打扮，四出探訪後，終於遇上我的「二手衫天堂」——美之。「5元 / 件」、「20元 / 5件」，便宜得令人咋舌的價錢背後，是滿身汗水的辛勞。推開一重又一重的舊衣物，明明只能放五十件衣服的掛架，卻有一百件在擁擠着，琳瑯滿目。推呀推，推呀推，塵埃落在鼻子上，打過噴嚏後，終於找到一件合心意的小襯衫——日本製造，盛惠5元。在這裏，50元已經買到 mix and match 的快樂，更是消磨時間的好地方。那時候，我還未知道「古着」是甚麼。

兩年後，古着風盛行，在旺角、尖沙咀一帶，幾乎每個潮流商場都有一間古着店。它們大都是售賣中性美國古着衣服的小店，流蘇 Levi's 絕版牛仔褲、Nike 復古 T-shirt……很難想像，現在非常女性化打扮的我以前是一個超短髮、穿「瀨屎褲」和「oversize」的中學生呢！然而，那股「古着風」只是一種稍縱即逝的潮流。未幾，一間間的古着店相繼結業。

2008 年的一個學期，我拿着獎學金到英國曼徹斯特大學交流。還記得在 Fashion Trend 的課堂上，導師走到我這個一臉稚氣的亞洲女學生面前說：「你這樣穿好看極了！」當時我穿着一件超大碼、長及大腿的二手白色針織上衣，下身搭着一條黑色窄腳褲，頸上配戴一條古着圍巾，那橙橙紅紅的腰果花製造出不同的層次，為秋意漸濃的大學城帶來一點點浪漫。整個學期中，無心向學的我最興奮的就是下課後在古着店尋寶。跟美之那種「尋寶」不同，這裏的二手衣服總是比較乾淨，更多元化、更具美感。

慢慢地，我更懂得欣賞優雅的韻味。

畢業後，曾在倫敦的一間網店擔任市場策劃，與英國再續前緣。短短兩年時間，在這一間小小的網店中，因人手和資源有限，每事都必須親力親為，由學習拍攝商品照、操作 photoshop，到擔任買手等等，都一一接觸過，為日後發展自己的事業打好根基。雖然本來英語不俗，但在英國職場上需要的英語會話要求總會比較高，於是在第一個聖誕節前，找到一份沒有薪水、只有交通和膳食津貼的所謂「intern」（那時候，在英國時裝界不付薪水的 intern 工作非常普遍）。這份工作就是為一個護膚品牌擔任銷售代表，在英國的中高級的百貨公司中，專門推銷其產品。雖然金錢上回報依舊不算甚麼，但卻賺取了利用外語推銷的技巧。然而，慢慢地發現，在長年愁雲慘霧的倫敦工作並不太適合自己，在英國經歷了人生的第一個 Panic Attack 以後，便決定帶着幾箱古着貨物回港。

對優雅時光的執迷也算是近年的改變。也許是年紀漸長吧，慢慢發現 Fashion 不過是一個循環，回頭一看，60 年前柯德莉夏萍的造型已經是最美麗的境界。

就如 Yves Saint Laurent 所言，「Fashions fade, style is eternal」。

誰能料到，五歲便當「垃圾婆」的我，竟然創立出一門古着的生意；懷着一片「念舊」的初心，更孕育出一本分享時尚歷史和收藏品的書籍。編寫此書純粹出自對古着的熱愛，感謝出版社的邀請，給予我機會分享對時裝歷史的認識和累積的經驗。在一年多的寫作期間，資料搜集的過程中令我學懂更多，實在是一個難能可貴的經驗。學習是無止境的旅程，書中內容若有遺漏與錯謬，請各位多多包涵這些未能完善的地方。書內有多張珍貴圖片以助讀者了解，這些圖片來自不同地方的機構（圖片來源在書後註明），亦得到多位朋友幫忙提供，十分感激！

2020 年 4 月

+ 優雅 +

一個好像跟現代拉不上關係的形容詞，
是上世紀女性的基本生活態度。

—— 導言 ——

說故事的「古着」

很多人誤會古着（英文：Vintage）純粹是二手的意思。非也。其實古着與否全取決於生產年份。一般而言，行內人士都認為古着物品最少需要擁有 20 至 30 年的歷史，換句話説，1990 年的產品今天已可算是「古着」了；而古董（Antique）則是 100 年或以前生產的東西，所以 1920 年的出品就是古董了；而未屆 20 年的產品只算是二手物品了（Used / Secondhand）。

古着的定義只基於年份的考慮，因此一些早年出品，還掛着原裝吊牌從未使用過的衣服、首飾或鞋履等都被稱為 Vintage 中的 New Old Stock，中文我則簡稱為「庫存品」。雖然是從未使用過的物品，但經歷過歲月洗禮，它們難免會有些瑕疵，例如布料變色、金屬生鏽等等。

你可能會問，哪裏找來那麼多的庫存品呢？

其實，當一間工廠或零售店面臨結業時，在行內的專業買手或拍賣行都會收購剩餘的物資再轉售，令這種造工細緻的出品得以流傳下來。

另一個令人容易混淆的詞彙就是「復古」（Retro）。復古的定義範圍比較廣泛，主要指一種舊時代的流行時尚重現，以設計風格為考慮因素，不論是現代製作，抑或是 20 年前的物品，只要設計是仿照舊時代的風格，也被稱之為「復古」。

喜歡「古着」的朋友大都會認同昔日的出品，無論是設計或工藝上都比現今的細緻。畢竟，在快速時尚（Fast Fashion）當道的今天，產品已經不再是「Made to last」。

再者，愛好古着的朋友都有一種戀舊的心態。我們會被一件舊物的故事感動，會被那用心配襯的鈕扣吸引着，也會打從心底欣賞那已消失的傳統工藝……因為在我們眼中，古着本身便是一個故事。

一件物品的用料、細節和工藝正正就是那個時代的縮影。

時裝上的每一個元素都與當時的社會狀態環環相扣，這種千絲萬縷的關係交織出精彩無比的時裝史，讓我們一起優雅地走訪一遍時尚歷史，欣賞過去百年最令人難以忘懷的時尚輪廓 。

西 + 方 + 時

裝 + 百 + 年

新舊世紀的交替

1900 — 1910

20 世紀初，曳着長及地面的洋裝、
戴着華麗不凡的羽毛帽子、撐着蕾絲太陽傘，
這個不就是莫奈畫中的優雅女生嗎？

001

愛德華年代的每一個晚上，在加拿大的 King Edward Hotel 內，女士都盛裝打扮出席晚宴。

借着畫作 *Cinq Heures Chez Paquin*，畫家 Henri Gervex（1852 – 1929）帶領大家進入華麗的愛德華時代。1906 年一個休閒的下午，貴婦們相約在由法國著名時裝設計師 Jeanne Paquin 開設的 The House of Paquin 訂製服飾。她們精心打扮出席這個「To See and To Be Seen」的場合，互相給予時裝意見、交換小道消息……這是上流社會的「social event」。畫中的女客們戴上精緻的帽子，加上一件遮蓋頸部的高領蕾絲繡花 Day Dress。唯獨是畫中央的一位女士穿上露出白皙胸膛的低領晚裝，沒有配戴任何頭飾，大概是在試穿為下個晚宴訂製的禮裙吧。

002

1902 年澳洲作家 Miles Franklin 的照片展現當下最優美修長的天鵝形態。

邁入20世紀，維多利亞女王駕崩，社會各界靜待着現代化帶來的改變。女性以積極追求性別平等權益掀起新世紀的序幕。儘管時裝世界仍舊一片華麗，但維多利亞時代對女性的束縛逐漸放鬆，女性服飾慢慢從繁複守舊的設計中簡化起來，以迎接休閒運動風格的普及。與此同時，深深影響時裝和珠寶設計的新藝術運動（Art Nouveau，約1880—1910）亦在這個十年到達頂峰。

從歷史和時尚角度來看，1900年代仍然是Belle Époque 的一部分。相比起我們認知的「現代時裝」，1900年初的時裝風格仍然相當「古代」，是一個非常女性化和優雅的時期，着重華麗的視覺風格。一個標準的愛德華造型絕不能缺少一頂大帽子、一件精緻的禮服和一雙手套；而平民百姓的日常服飾多以白色為主調，配合精緻蕾絲與荷葉邊輕紗，勾畫出華麗的浪漫風情。

法國稱這個19世紀末至第一次世界大戰前的時代為「Belle Époque」（美好年代），因為這是歐洲歷史上一段華美的時光。同時這也是英國「愛德華年代」的黃金盛世。

雖然説這是新舊時代的交替，但時裝鮮有一夜改變的能力。

典雅華麗的衣飾

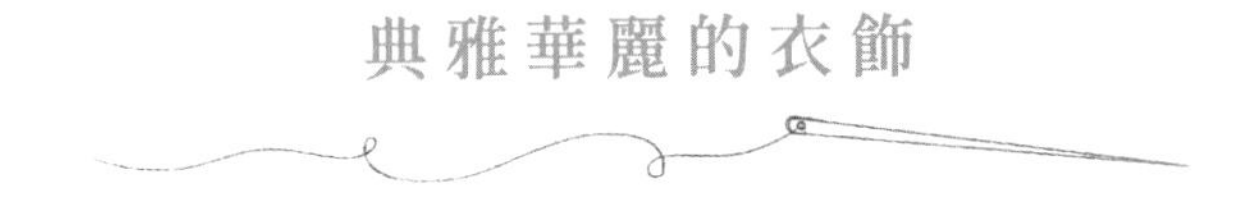

+ 束衣

早期的愛德華女生仍然活在累贅的束衣（Corset，又稱馬甲）之中，這種折磨女生的內衣終於在1906年漸漸沒落，女生慢慢從拖曳厚重繁麗的裙襬解脱出來。

不過愛德華年代的束衣跟維多利亞的輪廓相當不同。1900年起的束衣着重鼓起胸部、拉平小腹，加強臀部的線條，令體態看起來像一隻修長的天鵝。

003

004

維多利亞與愛德華時期的比較：左面的女士 Peggy Benvenuti 身穿「羊腿袖」的維多利亞時代裝束，展示漏斗形輪廓。右面的 Dame Nellie Melba 遠遠看來，那鼓起的胸和臀部活像一隻天鵝（攝於 1909 年）。

發生於 1912 年的鐵達尼號事件，相信大家對改編的電影中其中一幕應該印象甚深：

女主角 Rose 在船艙內由母親為她在底裙上穿上束衣，深深呼吸一口氣後，母親把內衣束得更緊。作為女性，從螢幕中也實在感受到每一下緊束的痛苦。在緊束衣外穿上華麗高貴的晚裝，塑造出誇張、不自然的 S 形軀殼，露出白皙的胸膛。這就是一件正宗的愛德華前期的晚宴禮服。

到維多利亞時代後期，醫學界終於發現束衣對健康的影響，繼而引發起一連串的服裝改革。

後來，法國醫生 Ludovic O'Followell 分別在 1905 年和 1908 年出版書籍 *Le Corset*，配合 X-ray 照片圖文並茂地講解穿着束衣對女性身體

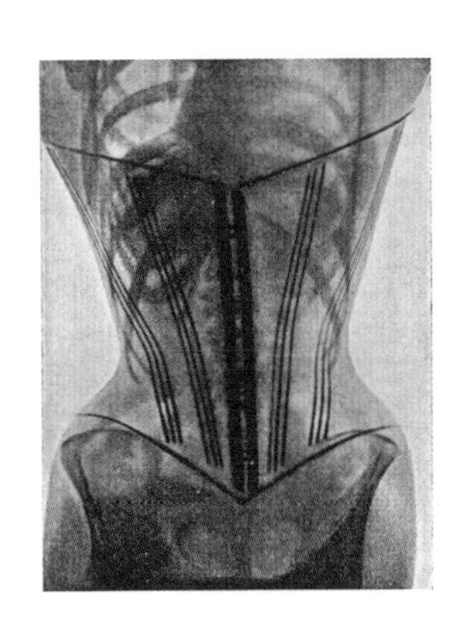

的損害。不過他並沒有意慾推翻束衣，只是鼓勵放鬆設計。事實上，Dr. O´Followell 還一直為奢侈束衣雜誌 *Les Dessous Elegance* 撰寫常規專欄，並沒有存心想解放女性呢。

005

1908 年出版的 *Le Corset* 展示女性骨架在穿着過緊的束衣時對肋骨產生的不良影響。

+ 禮服

茶禮服（Tea Gown）早在 1870 年維多利亞時代已經出現，是裹袍（Wrapper）和禮服（Ball Gown）的混合體。設計原意就是讓女士在家與閨中密友輕鬆享用下午茶時穿着，暫時擺脱緊身胸衣的枷鎖，呼吸一口清新空氣。後來，到了愛德華時代，緊身胸衣不如從前普及，繁文縟節也沒有那麼嚴謹，茶禮服也不再局限於在客廳（Parlor）穿着，成為出席親友聚會或到郊外享用下午茶的服飾。

早期的茶禮服是以輕巧面料如絲綢製成的鬆身衣物，胸前常有打褶設計或蕾絲細節，有點像英國攝政時期的禮服。拖尾的裙襬優雅地拖曳在地上。這種原為下午茶時段而設計的家用休閒服飾不但輕巧舒適，而且讓穿者在沒有女傭幫助下也可自行穿着。因為這種服飾易穿易脱，不用花上十分鐘便能解開緊身胸衣的繩結，所以下午茶時間更被用作女士與情人調情的好機會！

後期的茶禮服設計陸續簡化，減少累贅感，手袖和裙襬亦逐漸收窄，設計較從前輕鬆得多。到了 20 世紀的開端，茶禮服更成為在家舉行晚宴時穿着的合適裝扮。

夏季的茶禮服用上白色通花刺繡布（Eyelet）、大量花邊和平紋細布（Muslin），以蕾絲裝飾。在冬天則會使用顏色偏深的「茄士咩」（Cashmere，羊絨）布料，具有保暖功能。

006

1975 年出版的書籍 *Edwardian Shopping: A Selection from the Army & Navy Stores Catalogues, 1898-1913*（作者：R. H. Langbridge），綜合了當年的多本購物目錄，讓大家可以一睹昔日的精緻貨品，包括相中的茶禮服。筆者推薦大家收藏此書呢！

想像一下，穿着一件白色蕾絲禮服端坐在景色怡人的花園中，嬌嫩的面龐躲在巨大的花園帽子下，一邊喝茶，一邊談笑風生，是多愜意迷人的景緻。茶禮服絕對是愛德華時代女生衣櫃中不能缺少的服飾。

另一款供她們外出時所穿着的則名為午茶裝（Afternoon Dress），剪裁貼身，而且包含更多服飾細節，如以黑貂尾巴飾邊，價值不菲。

到了 1908 年，著名法國時裝設計師波雷特（Paul Poiret）推出前衛的「帝國式腰線」設計（Empire Line），以高腰和鬆身的連衣裙設計把女生從累贅的束衣解放出來，完全顛覆過去的時裝觀念。整個系列以流線形的直身剪裁為主軸，放下玲瓏浮凸的上世紀標準，首次定立出影響往後一百年的時裝設計，更為高級定制時裝世界帶來新氣象。

1909 的時裝輪廓逐漸簡化，不但線條俐落，腰線也明顯提高。

+ 禮帽

這個古典時期另一個令人難以忘懷的元素定必是帽子的藝術。

"Does one ever fail to appreciate a really beautiful hat? After all, we wear it day after day, and it forms the frame and setting of our face.'

——Mrs. Eric Pritchard, The Cult of Chiffon (1902)

在舊時代，帽子是不可或缺的裝飾之一。華麗的設計除了可以炫耀財富，更重要是挑選合適的帽子能修改面形／體態。由於大帽子價格不菲，因此不少商店會提供出租服務給資金有限的婦女。根據當時的時尚天書 *The Cult of Chiffon* 的作者 Mrs. Pritchard 的穿搭建議，身材矮小和較粗壯的女生應該配戴闊邊且帽冠較高的頭飾來拉長視覺比例。值得一提的是，上世紀服喪時期非常流行的面紗於 1900 年代初已經不再常見了。

這些帽子稱為 Picture hat（圖畫帽），尺寸浮誇，帽邊寬大，上面堆滿了大羽毛、蝴蝶結、花朵、花邊和薄紗等……令人看得心花怒放。1907 年，歌劇《風流寡婦》（*Merry Widow*）中由英國戲劇明星莉莉．艾爾西（Lily Elsie）飾演的主角所戴的帽子，便是由著名時裝設計師露西爾（Lucile - Lucy Christiana）設計。這頂以羽毛覆蓋的雪紡黑色寬邊帽子——「Merry Widow Hat」——當時吸引了大眾的目光。「Merry Widow Hat」的帽邊達至 18 吋之闊，頂冠更高，浮誇程度登上頂峰，直至第一次世界大戰前，「Merry Widow Hat」熱潮直捲時尚界。

不難想像，戴着這些浮誇帽子會為日常生活帶來諸多不便，特別是進出窄小馬車車廂時，要是一不小心，便會顯得尷尬笨拙；在劇院或電影放映廳等公共場所，更會影響後排觀眾欣賞節目。儘管如此，上流社會的女性仍喜歡在白天參加活動時戴上。

夏天的花園帽子（亦被稱為「Garden Hat」）設計更大膽地運用了真正的樹葉和樹枝、更多更大的羽毛，甚至完整的小鳥標本！然而，小鳥標本和羽毛的大量使用引起了人們對鳥類保護和種群的關注，人們開始意識到成千上萬的鳥類被捕殺，純粹是為了裝飾時髦女士的帽子和飾品。可幸的是，並非所有的英國女士為了愛美而當作視而不見。1889 年 Emily Williamson 創立了 Society for the Protection of Birds，保護最常被濫殺用作裝飾的鳳頭鸊鷉（Great crested grebe）。後來，協會更成功在 1904 年獲得了《皇家憲章》，命名為「Royal Society for the Protection of Birds」（英國皇家鳥類保護協會，RSPB）。1906 年起，皇后亞歷山德拉（Alexandra of Denmark, 1844 – 1925）更成為 RSPB 支持者，在保護鳥類運動中起了重大影響力。

007

美國著名影星 Lilian Russell 頭上的帽子充滿立體感。

'Her Majesty never wears osprey feathers herself, and will certainly do all in her power to discourage the cruelty practised on these beautiful little birds.'

——*Alexandra of Denmark.*

當保護性法律生效後，帽匠（製帽商）便開始改為採用更多的緞帶和薄紗代替，或者收集自然脫落的羽毛來裝飾帽子。

直至 1913 年左右，帽子設計朝向較小的形態發展。然而當時流行的帽子仍具有較高的帽冠，但邊緣較小。划船草帽 （Straw boater）、小高頂禮帽（Small top hat）和縮小版的圖畫帽（Picture hat）都愈趨常見。

+ 陽傘

陽傘是上流社會造型中非常具象徵性的一環。

陽傘的歷史要追溯至1860年代，當時巨大的太陽帽子（Bonnet）已經過時，維多利亞時代的女士們就利用陽傘保護自己免受陽光照射。由於當時認為擁有白皙肌膚就與養尊處優劃上等號，因此陽傘成為身份高貴的象徵。

在公眾場合上，紳士們會用陽傘護送女士們從馬車上走到門口，所以女士自己打着傘的情境實在罕見。除非女士正在敞篷馬車上或在戶外漫步時，她們便會把陽傘高舉，炫耀一番陽傘上的各種細節——例如真絲流蘇或棉質花邊。有些陽傘更是特別為配襯裙子而打造的。

據説在19世紀，陽傘是紳士贈送給意中人的一種禮物。由於陽傘一般較為奢侈和昂貴，紳士除非是認真想和對方發展，否則給女士贈送陽傘作為禮物是嚴重不當的行為。同樣地，女士也不能輕易接受此禮物。

008

婦女在澳洲悉尼的街道上打着傘（約1900年）。

不過到了愛德華年代，陽傘跟緊身胸衣一樣，重要性逐漸降低。後來在 1920 年代，代表在異國風情的地方度過了休閒假期的棕褐膚色，取代了白皙的皮膚作為身份的象徵，而陽傘則淪落到束之高閣。

+ 手套

手套是舊時代女性的必備單品之一，除了裝飾唯美之外，手套還具實際的用途。

上流社會深怕在公眾場合接觸物品，會染上中下階層間流行的傳染性疾病，因此貴婦們一律戴上手套作自我保護。富有的婦女會配戴用皮革、絨面革或絲綢造成的手套，更會用上花邊和刺繡等，裝飾得非常華麗。

009

Gordon, Ishbel Maria (Marjoribanks), Marchioness of Aberdeen and Temair (1857-1939).

穿上一雙精緻手套是上世紀皇室貴族的造型，不但高貴大方，還具實際用途。（攝於 1897 年）

在 20 世紀之前，手套可以象徵女性的階級，或者隱瞞其階級地位。例如富家女子的雙手應該是白皙光滑，纖細而優美；而職業女性或家庭主婦的雙手則是帶有傷疤且暗啞粗糙的。因此當她戴上一雙優美的手套就正正可以快速地隱藏自己勞動者的身份。不過，挑選一雙稱身的手套尤其重要，因為不合身的剪裁便會暴露出低下階層的身份。

對上流社會來説，掩蓋手臂的手套是謙虛正統服飾的象徵。手套讓女性即使穿着短袖衣服時仍能保持體面（decent），因為裸露皮膚在當時絕對不是正經女人的所為 。

昔日的布料欠缺彈性，因此長手套都以鈕扣形式穿上。一般而言，當她們穿着較為性感的晚裝時會配戴有 12 至 20 顆鈕扣、長度過肘以遮蓋大部分的手臂的「歌劇長手套」；而穿着日間衣服時，因袖子較長，則會配戴較短的前臂中長手套。

年代小知識

直到1914年第一次世界大戰爆發前，大英帝國的黃金盛世活躍於國際舞台，因此在時裝史上，1900 － 1914 年的14年間都被歸納為英國的「愛德華年代」。英式下午茶的歷史可追溯至1840年的維多利亞時代：當年貝德芙公爵夫人安娜女士（Duchess of Bedford）為打發午後與晚餐（通常要到晚間八九點）之間的空閒時光，她以糕點和紅茶宴請閨蜜親友共聚，這種可以消磨時間又可果腹的活動，一下子在貴族間流行起來，更被稱為「下午茶」。現代人的下午茶大都是在酒店或餐廳進行，以前卻是在家中的私密活動呢！富有人家甚至會以禮服與家中的裝潢襯色，整體形成一幅美麗的圖畫。

1910 — 1936 年間，喬治五世為英國國王。

化妝的禁忌

今天，化妝對我們來說是平凡不過的行為。可是在19世紀的維多利亞時代，一位女士若為她的臉龐上妝可是罪無可恕，會被視為不檢點的表現。

1881 年一本關於禮儀的書籍 *Gems of Deportment* 寫道：

> *And, after dressing for the evening, look again at your reflection in the mirror, and study the effect. Do you resemble a painted doll or an elegant woman? Is the expression killed by cosmetics or improved?*

不但維多利亞女王認為化妝是庸俗的表現，而且，在篤信宗教的那個年代，人們深信自然的美是上帝的恩賜。因此，人們鼓勵採用自然療法，例如飲用純淨水，透過健康生活提升內在滿足感，並進食清淡的飲食以減少青春痘。加上坊間的化妝品為使顏色更豐富和持久，會從中加入有毒物質，損害身體。

不過，愛美的女生總不會就此放棄吧！她們要麼自家製作、要麼通過郵購取得。夠膽量走進百貨商店的，便會悄悄地向店員詢問，因為店家通常把化妝品收藏在隱蔽位置。所以，在維多利亞時代化妝簡直就是一種秘密的地下儀式。儘管如此，大多數中產階級婦女都會偷偷用上淡淡的粉末，塑造出一個美麗的「素顏」假象。她們甚至會在血管位置畫上藍色，令皮膚看來更嬌嫩清透；而那個年代的晚裝領口比較低，不少女士也用上粉餅和陰影塑造豐滿的胸脯效果。

010

樣子清秀的作家 Miles Franklin 是一位 Gibson Girl，她還戴上當時非常流行的項圈頸鏈。

話雖如此，究竟維多利亞時代眼中的美女是如何的？——沒有瑕疵的白皮膚，紅潤的臉頰，加上一雙又大又有神的眼睛就是自然的美麗。

不過，沒有天生麗質的本錢，又完全不能化妝的女生就需要動點腦筋。以下三種都是當時普遍的做法：

1）提早起床在花園裏走動以增加血液循環，達到面色紅潤的效果。
2）透過捏臉頰或咬嘴唇產生泛紅的光澤。（這個也夠可怕吧！）
3）蘸濕彩色包裝紙，並用釋放出來的染料塗在臉上。（大概也是有毒的？）

理想女性造型—— Gibson Girl

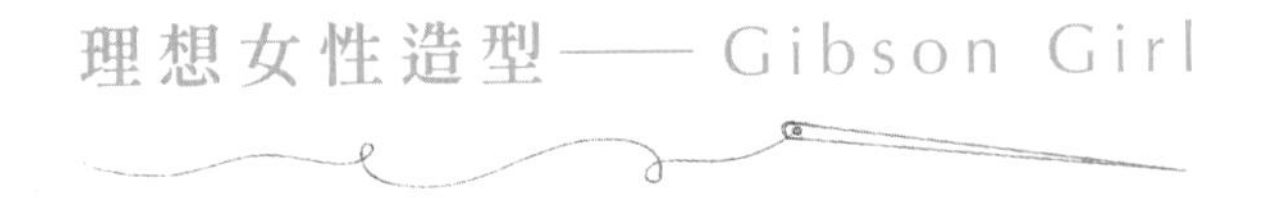

1890 年美國插畫家查爾斯・達納・吉布森（Charles Dana Gibson，1867—1944）描繪出一個理想女性造型——Gibson Girl。在積極發展中的印刷業的幫助下，Gibson Girl 不但深深影響往後 20 年的歐美時尚界，更帶領新女性主義崛起。

根據創作者吉布森的說話：

"I'll tell you how I got what you have called the 'Gibson Girl.' I saw her on the streets, I saw her at the theatres, I saw her in the churches. I saw her everywhere and doing everything. I saw her idling on Fifth Avenue and at work behind the counters of the stores ..."

Gibson Girl 被視為「數千個美國女孩」的組合，是隨處可見的現代女性精神。

的確如此，吉布森在創作期間特意走到法院，對來自不同社會背景的婦女陪審團進行視覺研究。他細心觀察出各年齡層、不同社會地位的女性打扮，在審判期間她們從輕蔑到可憐的有趣表情，以描繪出更細緻的 Gibson Girl：

Gibson Girl 基本上是那個年代的女生寫照。她們身材高挑，擁有纖細的脖子。在緊身胸衣的塑形下，大都擁有豐滿圓渾的胸部。她們棄掉華麗的連衣裙，穿上兩截的高領繡花上衣和長及地面的飄逸裙子；並把柔軟的頭髮盤起成髮髻，隨心地收藏在一個大帽子下，左右留下幼細的捲曲碎髮，低垂在面頰旁。

Gibson Girl 的出現標誌着改變，並挑戰舊時代的女性形象。生於上流社會的 Gibson Girl，沒有過着貴婦的生活。充滿冒險精神的她們喜歡

011

012

左　現實中的 Gibson Girl 穿上精緻的高領繡花襯衫和長及地面的飄逸裙子；並把頭髮盤起成髮髻。

右　五位 Gibson Girls 在鋪上混凝土路面的公園中散步，撐着一把陽傘，多麼寫意。（攝於 1900 — 1910）

戶外運動，經常在中央公園騎自行車或游泳，打網球或打高爾夫球。

Gibson Girl 保持了傳統女性的角色，但同時挑戰與男性平等的地位，更大膽以挑逗、輕快的方式在愛情方面佔主導地位。她們總是對男人挑剔，在必要時狠狠地粉碎他們。她們不介意單身，但享受戀愛中的浪漫故事以驅走日常的沉悶。她們是令人羨慕，且擁有不可抗拒的美麗和魅力的女性。

現實中，女演員卡米爾·克利福德（Camille Clifford，1885—1971）和艾琳·蘭歌爾（Irene Langhorne，1873 — 1956）就是當時分別在英國和美國的 Gibson Girl 的代表人物。她們的肖像經常出現在 *Scribner's*、*Harper's*、*Collier's* 和 *The Century* 等雜誌中；甚至入侵流行文化，不少

013

014

015

上 *A yard of Priscilla shirt waist designs (abstract, 1906) by Ethelyn J. Morris.*

縫紉雜誌 *The Modern Priscilla* 刊登的廣告，展示了 16 種不同的襯衫設計。

左下 一本優美的新藝術風格古董書，封面描繪了 Gibson Girl 的形象。這個出人意表的設計，內裏原來是個音樂盒。

右下 Gibson Girl 混合新藝術風格設計的古董胸針和鏡子。

商品，例如煙灰缸、枕頭套、紀念品、碟、風扇等……都印上她們的肖像出售。這一切都將 Gibson Girl 的受歡迎程度推至高峰。

這個年代的時裝幾乎是襯衫（Shirtwaist）的天下，百貨商店各出奇謀推出多款設計，吸引前衛多變的 Gibson Girl。各式各樣的精緻襯衫以蕾絲、繡花和荷葉邊等裝飾，美得令人眼花繚亂。

"A very fashionable woman with a half a hundred waists boasts that there are no two alike."——Pittsburgh Press (16 September, 1906)

+ Gibson Girl 的運動服

成為威爾士王妃（Princess of Wales）的亞歷山德拉深受百姓愛戴，不但因為她外表迷人，更重要的是她忠於自己的「新女性」態度。儘管「奶奶」維多利亞女王在世時認為狩獵不適合身份高貴的女士，亞歷山德拉依然故我地參與；即使因為風濕病導致行動不便仍無法阻止她參與跳舞、滑冰和騎馬等具挑戰性的運動。她不就是 Gibson Girl 的典範嗎？

016

攝於 1890 — 1900 年，在澳洲布里斯本的一位女士穿着長裙子和襯衫，戴上划船草帽在踏單車。這個時候，踏單車外出已經逐漸普及。女生放棄令人發笑的浮誇「羊腿」袖子，不再穿着燈籠褲；再次換上長裙踏單車。裙襬優雅地散落在兩側的鞍座上，下垂的布料隨着每下腳踏流動，因此這種裙子被稱為「Trailing Skirt」；而她們腳上穿着的最流行的路易高跟鞋。

路易高跟鞋（Louis XV shoes）是法國國王路易十五（1715—1774 年在位）在鞋履歷史上留下的高跟鞋足跡。儘管到 1730 年代男性開始放棄穿着高跟鞋，但卻在女裝高跟鞋時尚史中影響甚深。

在大家閨秀應該足不出戶的傳統思想下，早期的維多利亞女生甚少能參與「運動」，最多就是到公園散步而已。以前的公園大都沒有混凝土蓋面，所以她們都穿上裙長不觸地的裙子。不然可以想像，細緻的裙腳不用五分鐘就可以報銷了。

守舊的維多利亞時代終於過去！開放的愛德華年代推動了教育制度革命，容許更多女生上學；加上 Gibson Girl 思想的影響，參與運動已成為結識異性的社交活動。可是，這並不代表她們能隨心所欲地參與任何運動。外向的女生也只能參與踏單車、溜冰、騎馬、高爾夫球、踏單車、打獵和打網球等。

1906 年出版的書籍 *Woman in Girlhood, Wifehood, Motherhood; Her Responsibilities and Her Duties at All Periods of Life; A Guide in the Maintenance of Her Health and that of Her Children*（作者 Solis-Cohen, Myer）鼓勵女性多參與運動。

溜冰

被視為最適合女生的運動，因為她們能穿上美麗的大衣，戴上既能保暖又有具造型的毛皮手筒和毛皮長圍巾（Muff and Fur Stoles），自然流暢地在冰上滑行，體態優美。

騎馬與駕車

其中一種少數為社會接受女性參與的運動，難以想像，當時為了所謂的「保護童貞」和保持高尚文雅，女生都是側鞍騎乘的（Side-saddle riding），實在非常危險。

1897 年，女演員米妮．帕爾默（Minnie Palmer）成為第一位在英國開車的女性，更擁有一部專屬的法國汽車。當時的女士駕駛時會在帽子上掛上一條長長的透視圍巾「Motoring Veil」，讓她的頭髮面容不被輕易弄髒。

017

018

019

左上 1898 年，Mrs. J. H. S. Barnes 以側鞍騎乘方式騎馬。

右上 1908 年，亞歷山德拉戴着 Motoring Veil 在澳洲的珠寶店內選購寶石。

左下 冬天到來，著名的英國女高音 Florence Easton 戴上皮草製成的手筒（muff）和長圍巾，是當時的時尚保暖配飾。

新時代女性的時尚指標

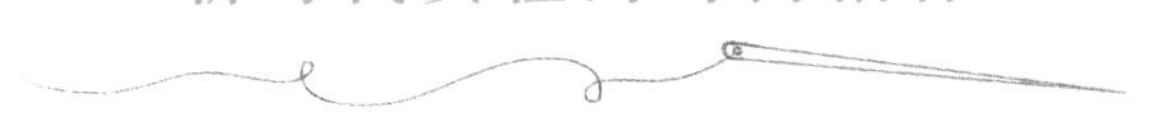

+ 皇室貴族

在 Active-wear 當道的今天我們可以隨心所欲以瑜伽服穿梭街頭；但在愛德華時代，除非正在進行某種特定運動，否則絕不能以任何運動服裝示人。特別在下午五時後，女生不論任何情況都必須趕快換下散落着泥濘的休閒服裝，換上優雅的茶禮服。在一套衣服「從早穿到晚」的現代社會中，我們難以想像百多年前的女生在進行各式活動時需要穿着合適的衣物以維持體面。雖然那個時候 Ready-to-wear 已經出現，不過目標客群主要是中產階級，貴族只會光顧高級訂製的服飾店；而貧窮的普羅大眾一般會購買二手衣服或在家自行縫製。

這時的時尚潮流都是由皇室貴族帶領。

020

亞歷山德拉總是穿着以一流物料打造的優雅服飾，雍容華貴，是當下備受模仿的時尚指標。

英國維多利亞女王 1901 年 1 月駕崩，王儲愛德華七世登基，為標誌着「改變」的愛德華時代（Edwardian era）掀起序幕。與性情嚴肅且終生服喪而甚少在公眾場合露面的維多利亞女王相反，愛德華王子是個外向且思想開放的精英領袖，喜愛悠閒享樂，是深受人民愛戴的君主。1863 年，愛德華王子迎娶美麗動人，而且懂得打扮的丹麥公主亞歷山德拉（Alexandra）。亞歷山德拉身材高大且苗條，站在當時豐滿矮小的英國維多利亞女性中顯得非常突出（維多利亞女王的身高不足五尺）。

成為威爾士王妃（Princess of Wales）的她敏銳地意識到自己在皇

室的職責是在公眾場合展現華麗一面以表現強大國力，延續盛世氣氛。所以每當公開露面時，她總是穿着以一流物料打造的優雅服飾，雍容華貴，是當下備受模仿的時尚指標。聰明的亞歷山德拉巧妙地利用時裝掩蓋身體上的「不完美」——坊間流傳，因為小時候的一個手術而令她頸上留有疤痕，因此在晚上需要穿着低領晚裝時就配戴多層珍珠或鑽石項鍊，以遮蓋頸上的疤痕，這些被稱為「項圈」（choker）。此舉令項圈成為當時的時尚潮流，在社會上受到女士們的歡迎，並很快流行起來。想不到，原來今天還非常時尚的項圈是一百年前的潮流。

縱然我們知道亞歷山德拉在上流社會時尚界的影響力舉足輕重，但仍然難以想像她因風濕熱併發症而出現的「跛行」情況也被模仿起來，更專稱為「Alexandra Limp」。

根據 1869 年英國 *North British Mail* 的報道：

> *"Taking my customary walk the other day, observant of men, women and things, I met three ladies. They were all three young, all three good-looking, and all three lames! At least, such was my impression, seeing as they all carried handsome sticks and limped; but, on looking back, as everyone else did, I could discover no reason why they should do so."*

+ 女性平權

1903 年成立的婦女組織婦女社會政治聯盟（The Women's Social and Political Union，WSPU）爭取婦女在公開選舉中的投票權，為 20 世紀的女性平權運動掀起序幕。這個被稱為「Votes for Women」的運動更為時裝界帶來新氣象。

1906 年，一位在《每日郵報》（*Daily Mail*）上撰文的記者創造了「Suffragette」一詞，代表爭取婦女投票權的支持者；而婦女在平權運動中穿着的西裝也順利成章地成為「Suffragette Suit ／ Freedom Suit」。

英格蘭的切特西博物館（Chertsey Museum）的策展人 Grace Evans（Olive Matthews Fashion Collection）表示：

> *"Suffragettes knew that clothing was important. They really harnessed the idea of having their own colours – purple for loyalty and dignity, white for purity and green for hope. In an edition of their magazine Votes for Women, it urged women to be guided by the colours in your choice of dress."*

021

澳洲作家 Miles Franklin 同時是一位女權主義者，她的著作包括 My Brilliant Career。相中的她身穿一套代表追求平權的 Suffragette Suit，頭上戴着一頂如 *Merry Widow* 劇中的大帽子。

後來 WSPU 更宣佈了綠色、白色和紫色為 Suffragette 的代表顏色。直至 1914 年，當時不論男女生都配戴以綠色（Green）、白色（White）和紫色（Violet）的飾品代表希望、純潔和忠誠，來表達對運動的支持。另有一個常見的說法是這三種顏色的第一個字母象徵「Give Women A Vote」，更直接了當。

同時間，倫敦著名高級珠寶商 Mappin & Webb 更在其 1908 年聖誕節目錄中的一頁專門刊載綠色、白色和紫色的 Suffragette 珠寶。可見當時女性投票平權運動也得到上流社會的支持。

+ 新藝術運動（Art Nouveau）

談及 20 世紀初的時裝歷史，不得不提起源於法國的「新藝術運動」（Art Nouveau）。這個由維多利亞時代中後期開始、愛德華時代作結的藝術風格，是設計發展史上標誌着由古典傳統走向現代運動的一個重要里程碑。新藝術設計橫跨建築、美術、實用藝術至時裝珠寶等媒介。新藝術的最大特色是經常使用女性體態或女性化的線條，以及採用大自然元素如蝴蝶、蜻蜓和花卉等圖案。這種嶄新的手法取代了維多利亞式的寫實自然主義，以獨特和明確的風格打破傳統。

具新藝術運動設計特色的珠寶首飾廣受歡迎，至今仍有不少古董愛好者追求這種特殊風格。

著名的捷克廣告插畫師 Alphonse Mucha 筆下展現出新藝術運動女性的時尚美。他創作中的女主角都擁有一頭令人着迷的長曲髮，表現出新藝術獨特的流動線條和抽象的自然花紋。他的作品優雅且創新，廣泛應用於當時的廣告設計中。

新藝術運動發展的最高峰是 1900 年在巴黎舉行的世界博覽會，這現代風格在各方面都獲得了空前的成功。可惜，不久後，這風格被大量生產，產品在迅速普及下失去獨特性，然後被裝飾派藝術（Art Deco） 取代。

022

這個 20 世紀初的腰帶扣以優美的彎曲花卉線條烙印在蝴蝶形態上，完美展現新藝術風格。

023

20 世紀初的捷克胸針，採用了不同形態的花卉圖案。

+ 日本主義（Japonisme）

東洋藝術浪潮同時深深影響着 20 世紀初的時裝和珠寶設計。

1868—1911 年的日本明治維新運動下，日本出口到歐美的產品數量提升，日本人更利用他們不當一回事的風俗畫「浮世繪」作陶瓷製品的包裝紙和填充物，隨陶瓷一同出口。當西方藝術家意外發現包在陶瓷製品外的包裝紙畫面，竟是這種世俗卻不庸俗、充滿異國情調的獨特畫風，如獲至寶，旋即風靡歐美，更對印象派繪畫大師如德加、馬奈、梵高、高更等產生了巨大的影響 。

這個時期的歐洲，不論是繪畫還是時裝都掀起了一股日本風。惠斯勒（James McNeill Whistler, 1834 – 1903）的名作《瓷國公主》（*La Princesse du pays de la porcelaine*）和莫奈的《穿和服的女人》（*Madame Monet Wearing a Kimono*）不約而同地以穿着和服的西方女性為主角，正正表現了此時西方世界在日本文化衝擊下的獨特狀態。

和服成為嶄新潮流。當時的時尚天書 *Cult of Chiffon* 的作者 Mrs. Eric Pritchard 更傳授將日本棉布和服加以改動，變成舒適的晨衣的心得，可見日本文化已滲入西方的日常生活：

> *"There are Japanese cotton kimonos, which only require a little skillful manipulation to be turned into comfortable dressing-gowns, at a few shillings each." ——Mrs. Eric Pritchard, 1902.*

024

這個 20 世紀中葉出品的鍍金相框，雕刻出 Art Deco 的俐落線條和「浮世繪」海浪圖案，可見這些藝術運動影響深遠，在數十年後仍常見於不同設計中。

025

La Princesse du pays de la porcelaine by James McNeill Whistler (1864).

身穿和服、手持摺扇的模特兒，腳下的地毯、身後的屏風都充滿了東方風情。

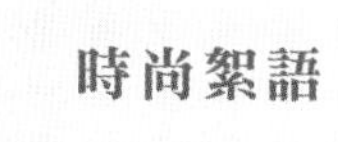

塑膠的超然地位

在維多利亞時代，利用象牙製造高桌球成為身份象徵，這股風潮導致天然象牙出現供不應求的情況。於是一間紐約公司登報招標：任何人能成功研發出可取代象牙的物料，可獲得巨額酬勞。如此可觀的回報激勵發明家 John Wesley Hyatt 於 1869 年發明出由纖維素合成的首種塑料物料 Celluloid（賽璐珞）。這個革命性的里程碑不但造就出一種嶄新的風尚，更為下個世紀綿延不絕的塑膠研究奠下紮實的根基。

數十年後，被譽為塑膠之父的 Leo Baekeland 在 1907 年發明出人造樹膠（或稱「膠木」，Bakelite）。由於膠木是一種熱固性樹脂，不但可以製模，而且製造成本也更低，這個可批量生產的優勢很快便取代賽璐珞，是 Art Deco 時代常見的產物。

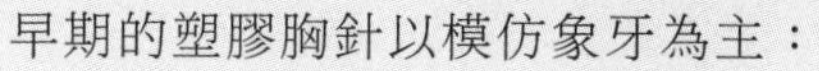
早期的塑膠胸針以模仿象牙為主：

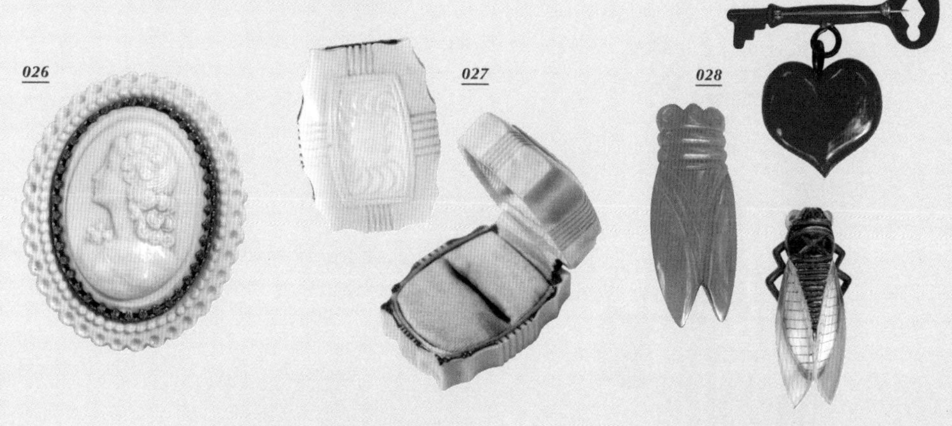

左 在賽璐珞上以人手雕刻的浮雕胸針，驟眼看來就像象牙。

中 賽璐珞戒指盒，昔日的包裝也一絲不苟。

右 約 1930 – 1940 年法國製造的膠木胸針，顏色繽紛鮮艷。

平權運動與世界大戰下的女性線條

1910 — 1920

1910 – 1918 年第一次世界大戰下，
女性角色遇上突如其來的改變。
擔起重任的她們脫去 Suffragette Suit，
換上工服褲，為日後的「現代時裝」奠下根基。

001

一張難得的彩色照片，從相片中能欣賞到當時的時裝色彩。攝影師 William Gullick 鏡頭下的家庭照，更於 1908 年獲邀參加「Coloured Pictures」展覽。

1910 年英國君主愛德華七世駕崩，佐治六世繼位，加上突如其來的世界大戰，為歐美帶來一片混亂。時裝界從愛德華式的浪漫優雅、婀娜多姿的天鵝式細長體態，演變成帝國式腰線（Empire line）；一浪接一浪的女性平權運動帶來英氣無比的「Suffragette Suit」。當臀部不用再誇張地拱起，女生們更脫下緊身胸衣，穿上現代設計的胸圍。

古典華麗的細節逐步減去，裙襬不再拖尾、小帽子代替誇張的花園帽，向講求實際的現代時裝邁向一大步，更為女性解放的革命路上立下一個里程碑。

002

1912 年，著名法國插圖師 George Barbier 為 Jeanne Paquin 細繪出最新的夏日設計，不但採用帝國式腰線（左），整個造型更表現出前所未見的東方式夢幻浪漫。

003

004

左　1911 年 3 月 *American Dressmaker* 中的插圖展示當下流行的春夏時裝，輪廓仍是胸部鼓起，主張表現女性化線條。

右　1910 年，初見縮短至腳踝的裙子。

服飾的演變

+ 跳裙與裙褲

談及戰前的時尚風光，不能錯失認識「跳裙」（或稱「蹣跚裙」，Hobble Skirt）的機會。

「Hobble」原是養馬者的術語，意指把馬蹄綁在一起以防止其走失。

當部分婦女正奮力追求解放，一些設計師（特別是男性）竟諷刺地利用所謂「時裝」來把女性管得更緊！這件相當滑稽荒謬的所謂「跳裙」，就是指下擺窄得舉步艱難，女生穿起後只能像日本藝妓般步履蹣跚碎步走路的半裙。這種半裙將女生的腳踝緊束，就像被綁起的馬兒，在穿者身心加諸不可理喻的束縛。

筆者曾見過一張約 1911 年印刷的明信片描繪了一位男士用手指指向身旁穿着跳裙的女士，並諷刺地揶揄：「What's that? It's the speed-limit skirt!」

這個產物的由來也有一個故事。據説在 1908 年，法國的萊特兄弟（Wright Brothers）與美國女士 Mrs. (Edith) Hart O. Berg 進行飛行表演前，他們將一條繩子綁在她飄動的裙邊上，以將其寬闊的裙襬固定在飛機後座上。Mrs. O. Berg 不但成為第一位乘搭飛機的美國女士，更造就出「跳裙」——這個時代的獨特產物 。

後來，女設計師 Jeanne Paquin 實在看不過眼可憐的女生要穿着這些備受束縛的服飾，於是她悄悄地在裙邊下方增加隱藏的縫隙和裙褶來稍微增加步幅。更有電車公司為配合穿着「跳裙」的乘客，特意將車門地台下降八英吋，更接近地面，好讓她們不用跨大步上車。這個所謂新設計實在是勞師動眾呢！

可幸的是在數年後（約 1914 年），人們終於厭倦跳裙如此荒誕的設計。也許，跳裙的絕跡也是拜女權運動所賜。

20 世紀初的女權運動在全球掀起一發不可收拾的浪潮，覆蓋英國、美國，甚至新西蘭。1913 年，數千名美國婦女在華盛頓上演另一場大遊行，堅定不移地表達追求平等的訴求。這一次更增添了一種新色彩：

"There could not be a more perfect symbol of suffragettes than red lipstick, because it's not just powerful, it's female," ——Rachel Felder, Red Lips.

這一群追求平權的勇敢女生不理外界指責，史無前例地塗上被視為「不正經」的紅色唇膏遊行，並字字鏗鏘地叫喊口號，甚至參與絕食以示決心。她們以紅唇表達不受管束的自由，誓要打破迂腐社會禁忌。

同時，黑白的默劇電影風靡美國，在明星效應的催化下，每位女生都希望自己美得像電影明星。在這幾年間，睫毛膏、管裝唇膏和假眼睫毛相繼登陸銷售市場，在電影業的推廣下，大受歡迎。在這愈趨開放的社會，無袖衣服首次出現，這令女生開始注意腋毛的生長，引申出專為女生而設的剃刀。這一個戲劇性的時刻標誌着近代歷史上婦女首次在沒有負面意味的情況下化妝，締造女權運動前進的歷史時刻。化妝的污名終於慢慢消退。

上文提過，1903 年起大型的女性平權運動已經展開，婦女紛紛以服飾表明立場。1910 年，美國女裝裁縫師協會（American Ladies Tailors' Association）更索性設計正式的女西裝「Suffragette Suit / Freedom Suit」，令時裝界變天。

Suffragette Suit 包括一件襯衫、外套和半身裙子。其中一種裙子設計被稱為「Divided Skirt」，是現代裙褲的前身，表面看來是一條闊身裙子，但其實下面隱藏着把裙子一分為兩條褲管的間隔；外套的剪裁則比以前的短小（舊時代的款式都是連衣的長度）、且多帶有男裝般的口袋和西裝翻領；在外套下藏着的是白襯衫（Shirtwaist），這時的襯衫終於放棄高領設計，以最新潮的 V 形或方形領口示人，而水手領更成為時尚設計。寬鬆的袖子在袖口收緊，這種主教式闊袖（Bishop Sleeve）被視為是女性化的優雅設計。

Freedom of movement is associated with freedom in general. —— Grace Evans the Keeper of Costume at Chertsey Museum.

Suffragette Suit 中「裙褲」的出現對好動的女生來說絕對是一大喜訊，穿着這種裙褲讓穿者走起路和活動時特別順心，而且非常適合滑冰、高爾夫球、網球等運動。這令即使沒有參與平權運動的女生都穿着起來。隨着女性在勞動世界中的發展，女性西裝愈來愈普遍。但是，西裝褲仍然是男士專利。

005

006

左 穿上 Suffragette Suit 的美國婦女聚集在位於克利夫蘭的選舉權總部。（攝於 1912 年）

右 早在 1888 年，Oscar Wilde 的妻子 Constance Wilde 已經穿起「Divided Skirt」。從照片可清晰看到「裙褲」下面隱藏的褲管間隔。

經過漫長的抗爭，皇天不負有人心，在第一次世界大戰結束後，《1918 年人民代表法令》（*Representation of the People Act 1918*）終於讓年滿 30 歲、符合某些財產資格的婦女投票。十年後，1928 年的《人民代表（同等選舉權）法》（*Representation of the People* 〔*Equal Franchise*〕 *Act*）更賦予所有年滿 21 歲婦女選舉權，與男性一樣，造就性別平等的選舉。

除了 Suffragette suit 之外，Chanel 聰明地利用吸濕力強的男性汗衣物料轉變成優雅的「Jersey 針織」（平針織物，俗稱「T 恤布」，為有彈性的針織面料），也是給予女性自由的一大步。

"I make fashion women can live in, breath in, feel comfortable in and look younger in."——Coco Chanel.

007

008

左　七年後，1918 年的 Suffragette Suit 演變成更俐落的設計，外套長度縮短，裙長也由地面提升至腳踝位置。

右　1914 年，一群平權支持者穿上 Suffragette Suit ，在紐約參與「婦女和平大遊行」（The Women's Peace Parade），她們從第五十八街沿着第五大道（Fifth Avenue）一路走到聯合廣場（Union Square）。相片中 Helen Hitchcock 在大遊行中高舉國旗。據説，當時不少人鼓勵穿上白色，除了是和平的象徵外，在只有黑白照的那個時候，全白打扮更能增強視覺效果。

戰事逐漸逼近，女性的服飾亦愈趨「現代化」。在女性服裝改革上，Chanel 的平針織物（Jersey）實在功不可沒。現在針織對於男女服飾來説都很普通，但在當時針織面料只是一種用於男士內衣和水手汗衫的平價物料。Chanel 看中其低廉的成本、優秀的舒適度和出色的貼身效果，決定以此面料為女性製造出舒適的衣物。1914 年，美國的時尚雜誌 *Women's Wear Daily* 更讚揚其革新精神，預料這些創新的針織毛衣必將大獲成功。

"Extremely interesting sweaters which embrace some interesting features. The material employed is wool jersey in most attractive colouring as pale blue, pink, brick red, and yellow..." —— Women's Wear Daily, July 1914.

+ 鈕扣與拉鍊

當裙子短了，鞋襪穿搭方面便不能輕率。日常的主流鞋款仍是以扣鈕的長靴和綁帶的路易高跟鞋（Louis XV shoes）最受歡迎。舊式的長靴子都是以多顆非常細小的鈕扣作開關的，因此不論男女都會隨身攜帶鈕扣鈎（Buttonhook）來幫助穿着鞋履。多得吉迪恩．桑德巴克（Gideon Sundback）在 1913 年設計出現代拉鍊，且首先應用在鞋履上，令穿鞋的過程簡化起來。到了1920 年代，拉鍊終於被應用在服飾上，代替外套、背心、手套，甚至緊身胸衣上的細密鈕扣，令生活方便得多。拉鍊這個革命性的發明令人們的生活簡化起來，不用再花時間把鈕扣逐粒扣上。

009

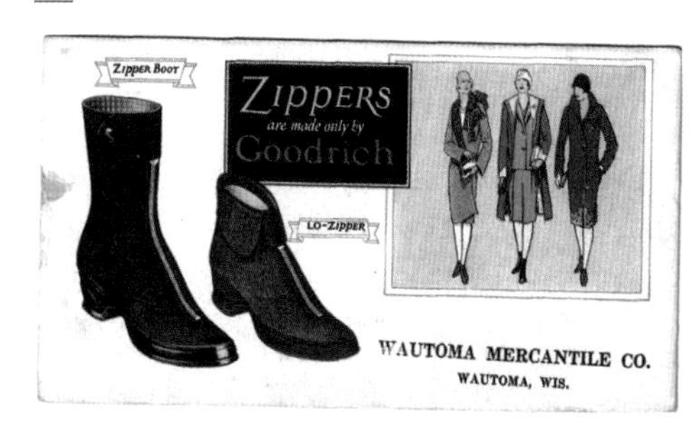

010

上　拉鍊首先應用在靴子上，再受到廣泛推廣。圖為早期的拉鍊長靴廣告。

下　相信是 1915 年 William 家族的相片：最左的女士穿上 Suffragette Suit，而右邊少女的短裙下露出一雙長靴。大家都戴上那個年代不能缺少的大帽子。

+ 胸衣與胸圍

緊身胸衣，這種象徵將女性監禁的衣物並沒有因此被摒棄。

一群意志頑強的緊身胸衣製造商面對現代胸圍這項新挑戰，誓要重奪市場。Spirella Corset 推出一種聲稱比舊式緊身胸衣提供更高舒適度，且能改善姿勢的胸衣。這種新式胸衣竟達長及大腿的位置，從後面看來，形成一個窄臀的外觀，令帝國式腰線所提倡的流線形態更明顯。

011

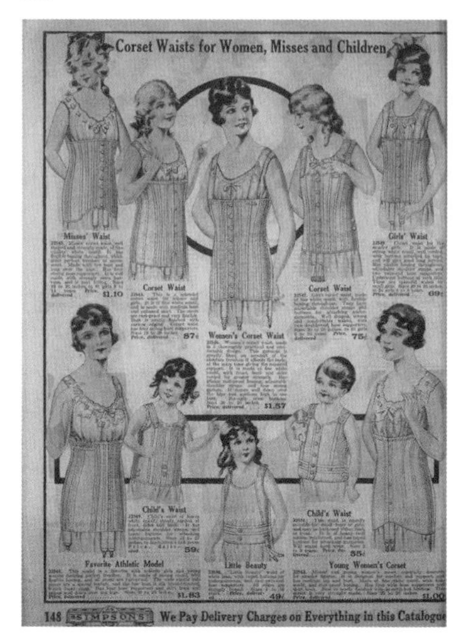

昔日的購物目錄展示各式各樣的胸衣，更清楚地歸納出不同身形所合穿的胸衣款式，更有專屬小女孩的設計。

1913 年，瑪麗·菲爾普斯·雅各布（Mary Phelps Jacob）設計的現代胸圍代替了舊時代的緊身胸衣。這種新設計甚為簡單，以兩條手帕和緞帶相連而製成，加上兩條肩帶；在沒有骨架的支撐下，柔軟得多 。

+ 黑白與色彩

在一貫沉悶的黑白色以外，上流社會之間卻漸漸流行着色彩斑斕的「東方主義」（Orientalism，圖 002）。

就在第一次世界大戰爆發前不久，一種以大膽印花和東方主義為基礎的設計攻陷時尚界，這種像小精靈般的造型令人眼前一亮。著名時裝設計師波雷特（Paul Poiret）在 1910 年欣賞過俄羅斯芭蕾舞團製作的《天方夜譚》（*Schéhérazade*）後，完全着迷，繼而推出了一系列將東方風情融入的夢幻設計，當中包括 1911 年像阿拉丁的「后宮」馬褲（又稱「哈倫褲」或「燈籠褲」，harem pantaloons）和 1913 年長達臀部的「燈罩式」外衣（lampshade tunics）。演出者的濃妝艷抹與色彩斑斕的服飾互相映襯，如此獨特的造型令人過目不忘。這種意亂情迷的東方美令上流社會對化妝的負面印象慢慢改觀，更令化妝與時裝連繫起來。

可惜，1914 年殘酷的戰爭爆發， 夢幻主義隨之幻滅。

第一次世界大戰爆發（1914 — 1918）

第一次世界大戰的出現，令時裝發展史上的古典和近代時裝之間畫上一條清晰的分界線。如果籠統地歸納這個時代的服裝特色，就是「從夢幻到現實」。

"We have discarded skirts and live in riding breeches, blouse, tunic, boots, and putties; no hat and short hair is so comfortable"—— An Englishwoman driving ambulances in Romania, The Times (Tuesday, Nov 21 1916).

第一次世界大戰爆發期間，物資短缺，平民婦女面對配給（Ration）時，需要動腦筋減少浪費——首先，她們都把頭髮剪短，方便打理。

服飾方面，本來僅僅座落於胸下的帝國式腰線隨着戰事的接近亦慢慢向下移，到大概 1915 年更回復至自然腰線附近。面對製衣布料減少，女生的裙襬也相應縮窄，摒棄不必要的底裙，而裙長更由腳眼大幅縮短至小腿中間的長度。面對戰爭傷亡的悲哀，黑灰等色調回歸主流。

當男性全被徵召入伍時（時裝設計師波雷特在戰時亦發揮強項，擔任軍事裁縫），婦女便留下看守家園，更須到工廠上班，甚至擔任起點燈人員、郵差、司機等以往由男性主導的工作。她們棄穿日常漂亮的裙子，但換上闊褲制服時還不忘加上絲巾點綴，實行在苦澀日子也要打扮得漂漂亮亮的生活態度。

男裝的實用設計亦在戰爭期間對女裝產生巨大的影響：原來依靠修身剪裁展示曲線的女裝外套變得寬鬆不貼身，取而代之的是從男裝取得以腰帶修腰的靈感；外套上增加大口袋的設計更愈趨普遍，女裝頓時變得實用。以水軍制服為靈感的水手領也大受歡迎。

戰爭開始後不久，各大媒體爭相推廣最新的戰爭造型「War Crinoline」，鼓勵女生穿上這款長及小腿、闊大且不妨礙活動的鐘擺形裙；加上如水手服般的大肩領，以服飾表現愛國一面。

012

013

左　Jeanne Lanvin 於 1915 設計的黑色羅緞服裝。雖然仍帶着戰前的「精靈」影子，但色調已回歸樸素。

右　第一次世界大戰為女裝帶來中性設計風潮。

當時婦女在勞動工作時穿着的連衣褲名為「Worker suit」，而在睡覺時穿着的是「Slumber Suit」。

所謂「沉睡套裝」（Slumber suit），是第一次世界大戰中所發明的連衣褲，讓婦女在晚上睡覺時穿着，當遇上突如其來的空襲時能迅速離開。這個設計更加是第二次世界大戰著名的「警笛服」（Siren Suit）的先驅。

+ 風采依然的 Burberry 風衣

第一次世界大戰同時令英國百年老牌 Burberry 的風衣（Trench Coat）聲名大噪。Burberry 在 1879 年研發的專利物料 Gabardine 是一種精梳的棉紗布料（Combed Cotton），透氣且防水，適合在各種天氣下使用。第一次世界大戰期間正正需要如此實用的布料，於是帶軍用外套設計的 Burberry Trench Coat 廣受歡迎，至今仍是經典的作品。

+ 女裝牛仔褲

1873 年 Levi´s® 破天荒地推出非常耐用的牛仔褲，不過他們做夢也沒有想到有一天婦女也會穿上其產品。戰爭期間，婦女也需要耐用且具保護性的衣物，牛仔布便成為不二之選。

到了 1918 年，隨着戰爭的結束，備受「西部牛仔」追棒的 Levi´s® 推出了一系列名為「Freedom-Alls」的女裝，這個連衣的設計包括棉質束腰外衣與連接着的牛仔布「氣球褲」（Balloon Pants），讓婦女們可以更方便地參與戶外活動。然後在 1934 年，Levi´s® 終於推出專為女性而設的牛仔褲系列。

Levis Strauss & Co. 的歷史學家兼 Levi´s® 的歷史檔案室館長 Tracey Paneck 更表示：

"The name (Freedom-Alls) celebrated the end of World War I and the freedom of movement the garment provided for women who, in the words of the advertisement, could use them for 'work or recreation."

"One woman wore Freedom-Alls as her wedding dress, hopping on the back of a horse after the ceremony to tour her Arizona sheep ranch with her husband. Edith Kast Hartman of Reno, Nevada, wore Freedom-Alls when she was pregnant, adding a special panel to accommodate her pregnancy. Levi Strauss & Co. transitioned to pants as separates when it introduced 'hiking togs' in the 1920s — matching khaki pants and tops."

面對戰爭，「活在當下」成為不少女生的生活態度。初嚐工作賺錢的她們，在沒有男性的控制下，她們可以隨心所欲，穿上以人造絲或真絲製造、長度只及小腿的跳舞裙子，並以襯裙或裙箍支撐，整體形成飽滿的效果，出外參加舞會在音樂中忘記哀傷。跳舞文化興起，令以橫搭帶取代鞋帶的「阿根廷探戈鞋」（Tango shoes）迅速冒起。顧名思義，「Tango shoes」的設計源自探戈舞蹈，在最新的短裙潮流下，如此優美的搭帶設計成為富家女生展現品味的細節。

雖然上流社會沒有受到政府的配給制影響，但由於富有的商人均須為戰爭投入不少資金，上流社會的生活亦跟大眾一樣減少不必要的奢華。充滿營商智慧的 Coco Chanel 立即注意到了這一點，並開展了人造珠寶（costume jewelry）的市場。她利用玻璃或水晶珠子代替了珍貴的寶石，讓貴族閃爍華麗的生活繼續。

另外，傳統上流社會最着重的上歌劇院活動，也因應情況公佈穿着正式晚裝已為「Optional but not necessary」的個人選擇。

014

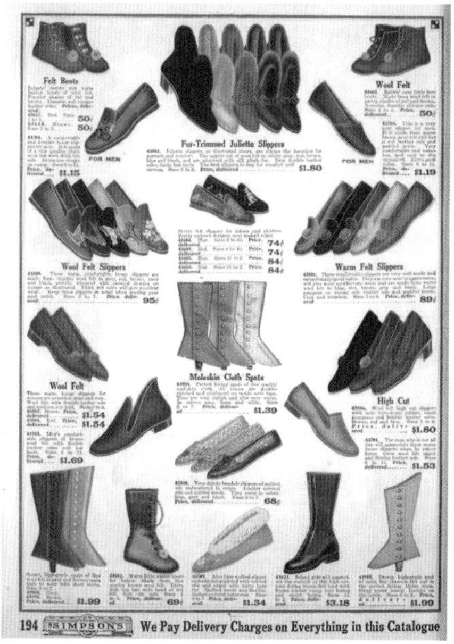

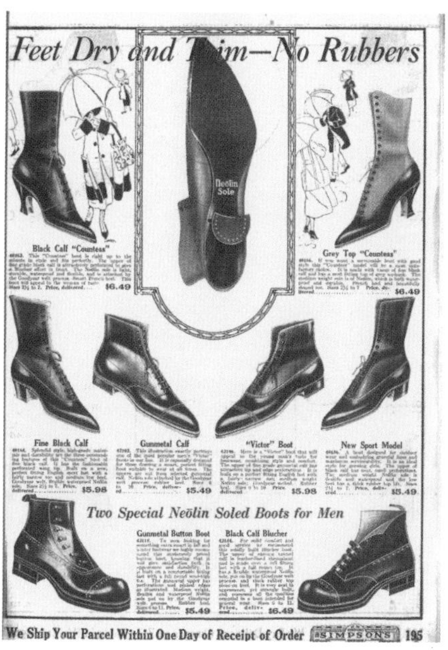

1910 — 1920 年代的高級鞋履。在拉鍊應用以前，穿上靴子需要一個鈕扣鈎協助打開鈕門。

戰前的巴黎是西方世界的時裝首都，但因為戰爭導致美國與歐洲之間失去聯繫，所以紐約頓變北美洲的時尚之都。美國雜誌 *Vogue* 的總編輯埃德娜．伍爾曼．蔡斯（Edna Woolman Chase）也巾幗不讓鬚眉，雖然未能親赴戰場，但她憑着自己在時裝界的影響力與上流社會的人脈，組織時裝表演，展示紐約設計師的最新作品，以幫助籌集用於戰爭的資金。大戰結束後，*Vogue* 更發掘了海外市場，推出的英國版大受歡迎。

大戰結束後的變化——回不去的裙長

1918年是第一次世界大戰的最後一年。

飽歷四年戰火，不但戰後的倖存者感到徬徨無助，連一群居住在巴黎的美籍藝術家也迷失方向，因此這一個世代被稱為「Lost Generation」。

當戰事完結後，大家趕緊回復昔日的生活規律，但根據歷史學家亞瑟．馬威克（Arthur John Brereton Marwick）的說法，只有女裝裙子的長度卻回不去了。

"for, however far politicians were to put the clocks back in other steeples in the years after the war, no one ever put the lost inches back on the hems of women's skirts" ——Arthur Marwick

+ 回不去的長髮與帽子

在戰事期間默默耕耘的婦女都認為自己不再是十指不沾陽春水的嬌嬌女，她們講求自由，追求透過工作達至獨立自主；而頭上的長髮跟身上的裙子的長度一樣，一改短後就回不去了。

她們戴上細小的划船帽（Boater Hat）代替上個十年的浮誇圖畫帽（Picture Hat），頂着一頭短髮過上新時代女性的生活。

第一次世界大戰結束時出現了配戴頭束帶的短暫潮流。女生額頭上戴着以緞帶、棉、針織羊毛甚至一串珍珠製成的長形帶子作髮飾。當束得太緊時還會帶來頭痛，因此也被笑稱為「頭痛帶」。

+ 近代時裝雛型

第一次世界大戰的發生奠定近代女性時裝的雛形，從此，時裝進化至「less status-oriented」（去權位取向）。因應不同場合而穿着的服飾也沒有從前講究，不再細分這件禮服是在大廳穿着的茶禮服，還是到親友宴會的晚裝。不少女生開始了以一件服飾從早穿到晚的習慣。

戰後的女裝設計大致跟戰前差不多，Gibson Girl 帶起的「兩件式」上衣與半裙組合的風潮繼續——由於一般女生家中只有數件服飾，因此這種自由配搭的組合比穿連衣裙更有新鮮感。時尚的襯衫通常擁有 V 或方形領口，左右兩邊的大衣領則以蕾絲或繡花點綴，是精緻得令人目不暇給的藝術品。在這保守的年代，女生即使在夏天也會穿長袖襯衫，以保持莊重的形象，而手袖會用上薄紗，以增加透氣感。另外，水手設計的上衣 Middy Blouse 成為女生趨之若鶩的新潮流，配襯長及小腿下的中長裙更能展現時尚活力；而想闊襬裙子看起來又散又輕盈？秘密就是裙下的一層襯裙（Petticoats）。雖然藏在不見天日的下層，但襯裙的設計也相當講究，不但色彩斑斕，更繡上細緻花紋。

戰後巴黎重奪時裝舞台，1919 年的設計展現一條更低、更不顯眼的腰線。

不少新時代女生脫去緊身胸衣後，也放棄配戴手套的傳統。在夏季除非是出席茶會、參觀畫廊等半正式場合會配戴淺色棉布或網眼手套以示尊重外，否則都是大方地以纖纖玉手示人。冬季因天氣需要，她們仍會戴上保暖的皮革或手工編織的羊毛手套。如果經濟能力許可，衣服與手套顏色應要匹配。

另外，由於人造絲的光澤媲美真絲，生產成本卻低廉得多，原來以真絲為主的女性絲襪和內褲都逐步被人造絲取代。早期的絲襪欠缺彈性，是兩個管形設計且不相連的，以吊襪帶（garters）與緊身胸衣連接以防止下滑。

代表勝利自由的 Suffragette Suit 已完全融入戰後女性的生活，成為日常服飾的一部分。不過設計師不再讓沉悶的灰暗色調帶領戰爭後的氣

015

016

左　女生的底裙設計也是多姿多彩的。

右　約 1920 年的女式西裝。

氛，格子紋理走上女式西裝的舞台。愛美且具經濟能力的女生更會採用矜貴的天鵝絨，令本來單調的西裝美得像晚禮服一樣。

戰後的時裝設計風格大概持續至 1922 年，而當時咆哮的 20 年代再次改變了一切。

時尚絮語

泳衣的進化

戰後人們對蒼白皮膚的崇拜消失。隨着交通的發展，城市人更容易享受海邊假期，因此曬得一身蜜糖般的肌膚更能展示自己剛去完一個令人羨慕不已的旅行——沙灘亦一下子變得熱鬧起來。

從前的「游泳」只是以嬉水為主，所謂的「泳衣」設計也只是一套寬闊的日常服飾而已，非常阻礙女性在水中活動。到了戰後的新時代，女性的生活方式愈趨好動，她們亦嚮往在水中暢泳，因此比較接近今天「一件頭」式的泳衣終於誕生，為女性提供了在水中運動的更大自由度。早在 19 世紀末已出現的人造絲（Rayon）在 1910 年起被正式應用在服飾上，他們曾嘗試將 Rayon 採用在泳衣上，但濕水後仍然相當不便。

017

018

左　在維多利亞時代的海灘上，人們將馬車車廂拉到水中央，搖身一變成為流動更衣室，讓女生可直接從車廂下水，保留私隱。

右　1918 年，短袖泳衣面世。

紙醉金迷的咆哮 20 年代

1920 — 1930

在《大亨小傳》的故事中，20 年代女生從舊時代中解脫出來，
首次穿着露出小腿的「短裙」、頂着一頭波浪短髮、
夜夜笙歌，甚至抽起煙來。
她們塗上口紅繼續爭取性別平權，
為多姿多彩的女性生活掀起序幕。

001

筆者從古巴搜羅的一張20年代末至30年代初的生活照，可以欣賞到那個年代的時裝特色。

爵士音樂此起彼落，在星光璀璨的夜空下，眾人徹夜狂歡。在煙霧瀰漫的地下酒吧中，濃妝的短髮美女一邊淺嚐手中的雞尾酒，一邊帶着撩人的眼神與男伴談笑風生⋯⋯大家都沉醉在戰後紙醉金迷的世界。

經歷過艱苦的戰爭年代，再加上1918年的「大流感」（flu pandemic）的影響，親歷生死邊緣的民眾以「今朝有酒今朝醉」的態度迎接20 年代，形成「咆哮的20年代」（Roaring Twenties）的獨特生活模式。

在第一次世界大戰之後，歐美的世界變得不一樣，不論在經濟、科技或文化上都迎來了嶄新的面貌。男女平等的思潮衝擊着整個社會，女權運動已經滲入社區，成為生活的一部分。這段在歐美上演的「瘋狂年月」，表現了這個時代與別不同的社會文化和藝術發展，完美詮釋1920年代的風情。

爵士樂時代

20 年代迎接爵士樂時代「Jazz Age」的來臨。美國紐約的爵士樂發源地哈林區（Harlem）因當時成為非裔美國人的聚居地，吸引大量黑人知識份子和藝術家進駐，產生了不少藝術界的傳奇人物，形成「哈林文藝復興時期」。在這個黃金時代，爵士樂風靡大眾。音樂的世界打破膚色界限，「紐約客」（New Yorker）共同沉醉在爵士樂之中，雙腳跟着節奏打拍子，享受當下的美好。縱使政府推行「禁酒令」，但完全無損眾人對一邊飲酒、一邊享受音樂的興致，更令地下酒吧（Speakeasies）成為最新潮流。

美國禁酒令，又稱禁酒時期，是指從 1920 年至 1933 年期間在美國推行的全國性禁酒——禁止釀造、運輸和銷售含酒精飲料。

隨着爵士樂時代的來臨，女生們隨心所欲出入舞廳、俱樂部，甚至地下酒吧，不再困在維多利亞時期的緊身胸衣裏，亦完全捨棄對 S 型身段的追求。她們將胸、腰和臀部線條通通拉平且隱藏在直筒的連衣裙裏。在寬鬆的直身裙子下，她們摒棄穿着舊時代以骨架支撐胸部的緊身胸衣。思想創新的女生相信新一代內衣推廣「胸部支撐應該是從上而下」的概念，紛紛換上加入肩帶承托的新胸圍。如此改頭換面的女性時裝設計，充分彰顯新一代女性的自由和解放。

奢靡而不羈的她們經常夜間出行，還拿着煙槍吸食香煙，徹夜派對，更主動大膽地結織異性。她們叛逆的舉止打扮都挑戰着傳統道德底線，社會把這群女性標籤為「Flapper Girl」。「Flapper」一詞除了在 1631 年被用來形容年輕的妓女外，也可用作描述正在學習飛翔的幼鳥。在 20 年代，這個詞語用來描述那麼行為大膽、性格頑強、追求獨立自主的年輕女性就適合不過；而 Roaring Twenties ——「咆哮的 20 年代」正正形容蓬勃發展的舞廳、俱樂部、地下酒吧和夜夜笙歌的派對。

003

002

004

005

左 在美國禁酒令期間，舞者 Mlle. Rhea 把酒壺藏在襪頭上。（攝於 1926 年 1 月 26 日）

上 女士們身上的裙子大多只長及膝蓋。（攝於 1923 年 10 月 8 日）

左下 Flapper 女子 Alice Joyce 佈滿釘珠的無袖流蘇裙子設計是 Flapper 的標誌（攝於 1926 年）。

右下 著名美國默劇電影演員 Norma Talmadge。（攝於 20 年代初）身上的流蘇和亮麗的飾品隨舞步擺動，看起來俏麗又活潑。這種叛逆的形象與舊時代的端莊主張形成強烈對比。

梳着波浪短髮、拿着閃爍的穿珠手袋、在舞池中徹夜狂歡，這令你聯想起電影 *The Great Gatsby* 的劇情嗎？ Flapper Girl 享受成為全場焦點，身上的裙子定必釘上反光的珠子或亮片，在裙腳綴上流蘇，擺動身體時讓身上的裝飾同時優美地流動。

浮誇與艷麗

配戴在身上林林總總的閃爍飾品，絕不能缺少的是多圈纏繞的珍珠項鍊和鑲滿閃石的羽毛頭帶——20 年代的派對打扮精髓在於誇張的人造珠寶（Costume jewelry）！在 20 年代，Chanel 開始推出少量的時尚首飾以配搭簡約的小黑裙時引起大眾的目光。雖然不乏精緻的貴價珠寶，大膽創新的 Chanel 仍然喜愛以高級珠寶（Fine jewelry）與人造珠寶

006

1929 年澳洲布里斯本，由 Finney Isles & Co. 舉行的一場時裝表演。

互相配搭，旋即成為女生模仿的對象。她們以堆疊的珍珠項鏈、閃爍的仿鑽胸針、碩大的寶石手鐲襯托服飾……愈是浮誇艷麗，便愈是時髦。穿越到20年代的時裝舞台，絕對會被目不暇給的美品弄得一陣目眩。Flapper Girl的派對造型至今仍令人津津樂道，一百年後的今天還經常在各大宴會重現。

捱過了艱苦的戰爭，甚至失去至親。女生不再糾纏於繁文縟節，她們將傳統禁忌拋諸腦後，只想精彩地度過餘生。個人主義在女性間抬頭，化上一個精緻妝容，從忌諱變為前衛時髦的表現，幾乎所有年輕女性也會化妝外出。在消費主義高漲的20 年代，化妝品市場發展一日千里，這個戲劇性的變化更為現代化妝文化奠下根基。

她們塗上深紅色的唇膏，以左右縮唇的畫法，再誇大唇的厚度，畫出20年代標誌性的心形嘴唇，塑造出迷人的櫻桃小嘴（亦稱作「丘比特弓箭」，英文為「Armor's Bow」）。這個時候的眉形獨特，呈圓弧狀的眉形不但沒有眉峰，並且非常細長，刻意壓低了的眉尾，令人看起來像一隻楚楚可憐的小狗。20年代的造型經常出現於復古時尚中，唯獨是這種向下彎的眉形在近代沒有再流行過。到了晚上，她們在眼皮抹上一層厚厚的眼影，加上濃濃的睫毛膏，更令整個妝容充滿着「埃及妖后」的神秘感；最後亦用上玫瑰色的胭脂，令面色更神采飛揚。

007

Bebe Daniels (16 May 1925).
在黑白照的年代，化妝品塑造出的陰影更能勾勒出分明的輪廓。

008

加拿大多倫多Regent Theatre (14 March 1921) 的廣告充滿幽默感，同時展現當時女性的叛逆。

009

著名美國品牌 Evan Case Company 出品的 Minaudière。一邊附上香煙收納位置，一邊可存放零錢、唇膏、胭脂和粉餅（約 1940 年代）；而 20 年代的出品一般比這個尺寸還要小一半。

在瘋狂派對下，不想溶妝成為「大花貓」就需要勤力補妝了。聰明的商人看準商機，推出能收納化妝品的 Minaudière——一款化妝盒和手袋二合為一的設計。它的外型設計充滿 Art Deco 特色，而且小巧精緻，一打開就是一個個專屬粉底、唇膏、胭脂甚至香煙的間隔。這種方便補妝的小手袋旋即吸引經常出席派對的 Flapper Girl，她們率性地拿起 Minaudière 外出，非常小巧方便。

叛逆的革新舞蹈

在每一個狂歡的晚上，男男女女都跳着當下最流行的舞蹈：Charleston（查爾斯頓舞）和後來的 Lindy Hop（林迪舞）。

Charleston 是一種由非裔美國人在南部創立的舞蹈，由於 Charleston 的節拍跟爵士樂非常配合，令此舞蹈迅速在哈林區散播，更瞬間風靡歐美。Charleston 的特徵是瘋狂揮舞手臂，並快速彎曲和拉直雙腳，再結合腳跟向外踢動的舞步；加上旋轉和平叉腰動作，根本就是一種叛逆的革新。到 20 年代後期，從 Charleston 演變而來的 Lindy Hop 成為新潮流，一直流行至 40 年代的 Big Band（大樂隊） 時期。

徹夜狂歡的舞蹈馬拉松可能會令你深深體驗到 20 年代的瘋狂！當時跳舞已經超越娛樂的範疇。各式各樣的舞蹈比賽湧現，年輕人不但希望贏取獎金，更渴望得到朋友認同。在美國多個城市，瘋狂的舞蹈馬拉松比賽更是周末令人期待的活動。這種盛大的比賽不但有主持人和樂隊，更有駐場護士和醫生協助身體過度操勞的參加者。但到後來，出現了有參加者死亡的情況後，政府將舞蹈馬拉松定為違法。這一切一切，都非常瘋狂！

010

左　裙子縮短了，腳上一對「雙搭帶」的 Mary Jane 鞋便更為搶眼。

右　法蘭克·法納姆（Frank Farnum，左）指導美國演員 Pauline Starke 舞步，為將查爾斯頓舞搬上大螢幕作好準備。

時尚多元的鞋履

據説，Mary Jane 鞋子的出處來自20世紀初《紐約先驅報》（*New York Herald*）中刊載的*Buster Brown*漫畫，女主角Mary Jane就是穿着這種搭帶鞋履，因此命名為「Mary Jane」。

身上搖晃的珠片搶眼，但腳下的瑪麗珍鞋（Mary Jane），同樣引人入勝。

與舊時代的鞋子在裙襬的遮蓋下甚少露出的情況相反，當裙子縮短了，一雙漂亮的鞋履便成為造型的一個重要部分。戰後的繁華可容不下一雙平庸的鞋履！於是女生慌忙地外出搜購設計時尚的鞋子配搭。鞋履如化妝品一樣急速發展，令鞋履市場面對前所未有的挑戰。不少裁縫師更轉型成為鞋履設計師，推出為不同活動而設計的鞋履，例如跳舞鞋、運動鞋、步行鞋、室內鞋，甚至游泳鞋，以迎合市場需要。

今天我們眼中的復古鞋款瑪麗珍鞋「Mary Jane」、「T-strap」、「Pumps」或「Oxford」等不同款式，其實通通都是20年代的設計。今天我們稱為「Mary Jane」的鞋款當年也被稱為「Strap Pumps」，以一至兩條搭帶設計，甚至亦有交叉搭帶款式，腳跟一般高二至三英吋，是當時最受歡迎的鞋履。Flapper Girl很多時都會穿上當時最時尚的裸色、黑色、金色或銀色瑪麗珍鞋瘋狂熱舞。

"Sent off to town on an errand, young Tom was stopped in his tracks by the sight of a beautiful woman in the shortest dress he had ever seen. When she paused at the trolley stop it suddenly dawned on him that in order to get up into the trolley this vision of loveliness might have to reveal even more of a glimpse of her legs. Crossing the street for a better view, he saw he wasn't alone. A group of grown men had gathered outside a store for the same reason"——Charlotte Smith, Dreaming of Dior: Every Dress Tells a Story, p.14.

在街道上，女性時裝也換上一片「New Woman」的新氣象。裙襬不再長長拖曳在地上，而首次露出小腿的 Flapper Girl 更是老一輩眼中傷風敗德的一群。在夏天，女生們不再吝嗇雙臂，紛紛穿上無袖裙子，脫下長手套的她們更前所未有地展露出雙臂。社會上吹着破舊立新的風氣，而白皙肌膚不再是最理想的膚色，蜜糖般的健康膚色成為時尚指標。

012

013

上 澳洲攝影師 Sam Hood 的鏡頭下，見證女裝正式進入「New Woman」時代。

下 著名美國演員 Joan Crawford 也穿上裸色瑪麗珍鞋。（攝於 1927 年 4 月 29 日）

014

015

左　澳洲女生穿上短袖子和短褲子的泳裝到海邊玩樂。

右　在那個守舊的時代，露出一雙小腿已經是非常性感、挑戰社會道德的行為。

新女性時代

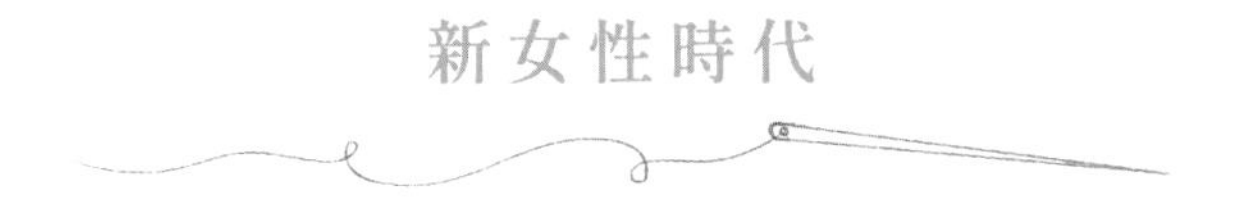

+ 直筒剪裁

1920 至 1922 年的時裝還帶着愛德華式的輪廓，直到 1922 至 1923 年間，時尚潮流的腰線由戰時的「自然腰線位置」下降至超低腰水平，這亦將直筒身材推至高峰……總之一切的設計就是為着淡化女性特徵，令女裝正式進入「新女性時代」。

20 年代是直筒套裝的天下，但沒有其他設計比 Chanel Suit 更能經歷時間的考驗。

異性緣不絕的 Chanel 從男伴身上取得不少靈感，她曾透露自己最愛穿着男伴衣櫃中的服飾。不但如此，她更認為沒有甚麼能比男裝更彰顯女性氣質。

016

017

018

上 1925 年，年輕女生穿上及膝短裙和小外套，戴上鐘形帽子參與高爾夫球活動。

中 20 年代的時裝展示一條明確的低腰線。（攝於 1924 年澳洲 Tamborine Mountain）

下 著名美國演員 Lillian Gish 穿上粉紅色的雪紡蕾絲晨衣（攝於 1922 年）——1922 年還能發現帝國式腰線的蹤影。

+ 解放女性的物料

有一天，當 Chanel 與威斯敏斯特公爵 Hugh Grosvenor 結伴打獵時，Chanel 被他身上穿着的斜紋軟呢外套和羊絨冷外套（tweed jacket and cashmere cardigan）吸引着。她頓時發現「Tweed」（斜紋軟呢／花呢）這種只限於在男裝上採用的物料，不但柔軟輕巧，還具非一般的時尚感！於是在 1924 年，Chanel 到蘇格蘭工廠開始研究生產專屬女裝的花呢。她更創新地走到郊野拾來樹葉和泥濘作顏色樣版，以營造前所未有的混色效果。翌年，Chanel 的開胸外套首次登場，更登上 1927 年 10 月號的 *American Vogue*。Chanel 的簡潔設計被譽為「Scottish Tweed is a New Godchild of French Couturiers」。經著名女演員伊娜．克萊爾（Ina Claire）穿着一套棕色的 Chanel 花呢套裝示人後，花呢的熱潮更像野火一樣在時尚界蔓延開來。30 年代，Chanel 將工廠轉移到法國北部，並開始將她的經典花呢與羊毛、絲綢、棉布混合紡織，從而賦予布料更輕巧的特質。後來花呢的成功更激勵 Chanel 進一步將物料應用到運動服上。

019

020

左　約克公爵（中）和夫人在 Mt. Coot-tha 漫步時，公爵夫人提着小手袋和掛上圍巾，身上的 walking suit 非常時尚。（攝於 1927 年 4 月）

右　Miss Katie Fitzgerald 的一身 Flapper Girl 打扮，時尚優美。

戰後不少女性繼續擔當教師、秘書、接線生等職業，自然需要幹練得體的套裝來塑造專業形象。在愈趨開明的社會風氣下，在街上漫無目的地散步成為女性最愛的消遣，於是襯衫、及膝裙加上羊毛衣，這種時尚得體的「Walking Suit」就是再適合不過。

+ 腰帶

上一章節提及到腰帶在第一次世界大戰中首次在女裝中擔演重要角色。1926 年，婦女雜誌 *Good Housekeeping* 提到：

> *"Belts are as important on morning and sports models as girdles and sashes are on afternoon ones."*

在 1920 年代初期，皮帶（belt）主要是在晨裝和運動服上使用的，而在下午活動或比較正式的場合，則會用裝飾性的布腰帶（sash）代替皮帶。然而，在往後數年，我們可以看見腰帶（Belt）已經開始被上流社會接受成為正式禮服（formal attire）的一部分。

二十年代追求平坦筆直的身形線條。當時的男士嘲諷女生身材毫無線條可言，就像一幢 Art Deco 的大廈；老太太更揶揄，遠遠看來，根本是雌雄莫辨。

從帽匠轉型成時裝設計師的Jeanne Lanvin （1867 － 1946）並不認同這種毫無女性線條美感的 Flapper look。她抵制了這種遮蓋女性體態的寬鬆輪廓，並從 17 至 18 世紀的服飾提取靈感，創作出「Robes de Style」。這種設計的上身剪裁較為貼服，下襬則以荷葉邊和褶皺等增加豐滿度；又以寬闊的腰帶突出自然的腰線，或繫於高腰（帝國式腰線）位置上，整個輪廓較突顯女性身材。絲綢、塔夫綢、天鵝絨、色丁和輕薄的棉薄紗（Organdy）都是常用的物料，以製造出柔和感。Robes de Style 成為直身 Flapper 輪廓以外的選擇，備受偏好傳統造型的年長顧客喜愛。儘管 Lanvin 似乎在逆着爵士時代的潮流游動，但事實上她表現的獨立思考和叛逆潮流的設計正正是那個時代新女性的縮影。

021

022

左　1927 年，著名演員 Norma Shearer 穿上休閒套裝以「現代腰帶」裝飾，加上一頂鐘形帽子，是當下最流行的「新女性」造型。

右　在連衣裙外束上腰帶，能幫助修飾出一條低腰線。

自維多利亞時代以來，黑色衣服跟哀悼幾乎劃上等號。到了 20 年代，Chanel 的新設計為黑色平反，全因她相信黑色象徵最簡約的優雅。1926 年，*American Vogue* 更將 Chanel 的「小黑裙」比作當時非常前衛的汽車品牌福特（Ford），暗示其作品的受歡迎程度已獲得各界肯定。喜歡挑戰傳統的她聰明地利用顏色革命來顛覆古老思想，令黑色回歸時尚，不但成為能每天穿着的服飾而不用忍受旁人古怪的目光，更成為晚裝的優雅色調。

傳聞一直視 Chanel 為「死對頭」的波雷特（Paul Poiret）有天在街上遇上穿着黑衣的 Chanel，於是嘲諷地問道：

"What are you in mourning for, Mademoiselle?"

Chanel 一針見血地妙答：

"For you, dear Monsieur."

這個曾聲稱自己是Hobble Skirt的設計者、曾誇口說道「I freed the bust, and I shackled the legs」的男設計師立即氣得面紅耳赤。

+ 短髮潮流

在20年代，女生的短髮跟裙子一同史無前例地縮短。這個年代的短髮造型千變萬化，不過日間外出時就絕不少得當下最受歡迎的鐘形帽（Cloche Hat）。巴黎女帽匠Caroline Reboux於1908年發明的鐘形帽成為20年代的經典帽子。這種採用柔軟材料，例如人造絲、稻草、羊毛、棉和毛氈製成的帽子，不但配襯Bob（鮑伯）髮型時相得益彰，更能幫助那些不捨得剪短頭髮的女孩們藏起秀髮。

1920年代和1930年代的美國電影演員和舞者路易斯．布魯克斯（Louise Brooks）在法國大受歡迎。她個性出眾，而且常以Bob頭加一頂鐘形帽造型示人，塑造出帶陽剛味的New Woman形象。

1915年（第一次世界大戰期間），著名舞者Irene Castle為方便起見而剪短頭髮時，大眾被她耳目一新的造型迷倒，更首次意識到女性束短髮的可能性。這款短髮因此被命名為Castle Bob。

Eton Crop是Bob頭中最短的一種。由於髮型像男學生，於是以著名的英國學府Eton命名。這種超短髮在時尚舞者

023

被視為Jazz Age Icon的路易斯．布魯克斯的鮑伯髮型和鐘形帽子的形象深入民心。

024

Irene Castle的「Castle Bob」，令大眾意識到女性束短髮的可能性。

Josephine Baker 推廣後，成為女生爭相模仿的新潮流。

後來，在這個瘋狂的咆哮年代，短髮造型由早期硬朗整齊的 Bob 演變成女性化的波浪紋曲髮。在 20 年代初，短髮造型傾向鬆散毛燥，而且集中在臉龐兩邊捲曲。後來，這種毛燥感消退，更塑造出像雕刻品般貼着頭形的整齊波浪曲髮：Finger Wave 和 Marcel Wave。

Finger Wave 是需要過夜定型，然後用手指和梳子梳成的S形波浪曲髮；Marcel Wave 則是使用新發明的熱捲髮器呈現波浪形。這種熱捲髮器是帶有木柄和鐵的捲髮鉗，用煤加熱來捲曲頭髮，可惜這種捲曲方法會造成頭髮永久熨傷！

雖然短髮在第一次世界大戰時已經開始流行，但在 20 年代初期，不少女生仍然認為剪短頭髮等同將女人味刪去，因此她們都不願接受這項挑戰。取而代之，她們把頭髮分成左右兩部分，編成辮子，再在耳旁圈成圓形，形成耳筒造型，稱為「cootie garages」。透過束起頭髮來縮短頭髮的長度，這讓女生也可一嘗短髮的外觀。也許電影《星球大戰》中 Princess Leia 的髮型也是從此提取靈感呢。

025

Bobby Pin 髮夾是戰後發明的產品，以當時流行的「Bob 頭」命名。包裝上的模特兒展示一頭迷人的波浪曲髮。

小手袋與經濟束縛

20 世紀初，「男主外，女主內」是無庸置疑的社會標準。男性擁有較高的社會地位，負責賺取金錢和掌管家中的經濟命脈，而女性一般社會地位較低，主要負責生兒育女。從前的女性手袋一般都是一個非常細小的袋子，甚至比現代銀包還小。

談及手袋的用途，現代女性往往會帶備大堆林林總總的東西，銀包鑰匙電話不在話下，還有化妝品、披肩、雨傘，等等。手袋實在是現代女性不可或缺的必需品。

在維多利亞時代，手袋扮演的角色就相當不同了。外出購買日用品通常由傭人打點，富家小姐外出時就只是拿一點零錢和一塊手帕。這些上流社會的女士拿着手工製的串珠小手包，或者金屬網眼（metal mesh）袋，但説到底，她們手中的小袋最實際的用途不過是炫耀精緻手工的好機會。到晚上欣賞歌劇演出時，她們優雅地掛在手腕上的 Evening Bag 內會放上劇院望遠鏡、化妝品、一點零錢或一把精緻的扇子。

其中一種名為「Chatelaines」的小包，是一種掛在腰間或手腕上，優雅得像珠寶般美麗的小袋子。Chatelaine 於 1860 年代到 19 世紀末流行，利用繩子或鍊子夾在腰帶上，再懸垂在腰間；更早期的 Chatelaines 上面更會懸掛小而實用的物品，如剪刀、書寫工具、鑰匙、錢包、手錶和香水瓶等。戴着 Chatelaines 的女士通常是大家庭中的「keeper of the keys」，象徵着在家庭中的權威的地位。後來在維多利亞時代成為「復興」的時尚款式。

在電話還未流行時，人們都是親自動身去拜訪朋友的。當一位女士下午去拜訪她的朋友時，她就會在手袋裏放一張小卡片（Calling card）和鉛筆，以防朋友不在家時也可留個問候。有人比喻這種 Calling card 就像我們現在社交媒體上的讚好數字——卡片收得愈多，代表愈受歡迎。

當然，對於社會階層較低的女性來說，實用性的大袋還是比較重要。所以她們會提着大的編織籃去買菜或便宜的地毯包（Tapestry Bag）出行。手袋的角色在維多利亞和愛德華時代沒有太大改變，直至女生解放大躍進的 20 年代。

瞥一眼看看1920年代的女性手袋，雖然對比起現代手袋還是相當小巧，但比起上個世紀的已經是非常實用了。手袋內濃縮着一名「摩登女性」多姿多彩的生活：一支唇膏、一小盒粉末，一把鑰匙、幾枚硬幣，甚至香煙。

她們在日間外出時會在手臂下夾着一個小小的手拿包（Clutch），通常以當時最流行的 Art Deco 線條和幾何圖案為主；晚上則提着穿珠或繡花的小手袋。雖然人造皮（Vinyl）已於1924年發明，但普及性非常低，因此當時的手袋大都以皮革製造。

026

027

左　一位名叫 Bessie Harris 的女士在一張精美的卡片上印上自己的名字，再派發給朋友。

右　19 世紀末至 20 世紀初出品的小巧古董花氈袋，以絲綢作裏，中間是口金間隔非常古典。

另外一款名為「Pochettes」的，則是一種有短帶、形狀像信封的小手袋。另一種當時得令的手袋就是「Reticules」，一種手挽的小索繩袋子。

"In London, Liberty in Regent Street began to sell Oriental bags, reflecting the interest in chinoiserie, and Paul Poiret's design, inspired by colour and exoticism of the Ballet Russes, were highly influential. Curved jeweled frames held on long tasseled cords, embroidered fabric bag gathered..."——Bags (Accessories Series), Victoria and Albert Museum (13 April 2017).

028

布料染上具異國風情的色彩，再精緻地以仿寶石點綴，外框細緻，是一個極具收藏價值的古董小手袋（約 20 世紀初出品）。

金屬網眼（metal mesh）袋出現於 19 世紀，但在 20 年代才成為時尚女生的必備單品。Ring Mesh 這種小手袋以一個又一個的細小金屬圈連接在一起，通常鍍上金或銀色，再以 Art Deco 線條或充滿異國風情的圖騰點綴；而在金屬小圈上塗上不同色彩拼湊出圖畫般美景更成為最佳的收藏品。

左上 Ring Mesh 以一個又一個的細小金屬圈連接在一起（19 世紀末至 20 世紀初）。

右上 Enamel Mesh Bag——在金屬片上塗上不同色彩拼湊出圖畫般美景，成為絕佳的收藏品（約 1920 年）。

左下 後來的網眼袋以一片片的金屬片連接起來，形成立體圓筒形（約 1930）。

右下 Whiting & Davis 的出品是網眼袋的代表。這個小手袋以非常精細的貴金屬圈連接起來，手感順滑如布料（19 世紀末至 20 世紀初）。

上 20 世紀初的女裝皮手袋——這個款式容量之大，非常實用，實屬罕見。

下 這個波浪形外框的啡色皮手袋可作「手腕袋」或用鏈子揹上作肩袋（1930 – 1940）。

女權運動的發展鼓勵女性進入職場。雖然在職場上仍然面對重重困難，但不少女性仍以實力贏得尊重。她們把「的骰」的小手袋留在家，摒棄軟弱的淑女形象，提着一個大大的手提包上班去。

藝術運動的影響——埃及復興主義

在 1922 年 11 月 4 日，考古學家發現一個埋葬了三千多年的古埃及墓穴——圖坦卡門國王（King Tutankhamun）的墳墓，這個震撼的發現令埃及風潮席捲全球，設計師們急不及待地將埃及的神秘色彩和圖案融入時裝服飾，塑造出「埃及復興主義」（Egyptian Revival）。不僅如此，以埃及為設計靈感的皮包亦湧現市場。

此時的彩妝風格深受埃及風格影響，強調細長眼線和漸層畫法的煙燻眼影，充滿「埃及妖后」的異國風情。

20 年代就像一杯香檳，芬芳醉人又帶點迷濛，但很快就化為泡影。雖然如此，但那無法複製的華美卻一直教人嚮往至今。

1929 年的全球經濟大恐慌為醉生夢死的 Roar Twenties 畫上句號；而這一個持續近十年的經濟大衰退亦為 30 年代掀起序幕。

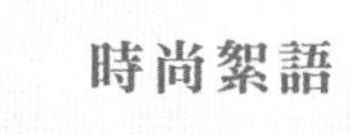

Art Deco「裝飾藝術」運動

經歷過長達40年的藝術與工藝美術運動(Arts and Crafts Movement)後，人們意識到現代化和工業化形式已經成為鐵一般的事情，與其阻止其發展，倒不如共同前進。

對於愛好 vintage 者一定不會陌生的「Art Deco」，這個名字便是取自於 1925 年在巴黎舉辦的國際現代藝術裝飾工業展，是法語「Arts Décoratifs」的簡稱。這種現代化的裝飾藝術，放棄波浪式優雅線條，而朝向抽象線條發展，傾向強烈的直線與幾何學形態。這些幾何圖案的靈感就是源自於古埃及、中美洲和南美洲的古代印第安人文化，常用的幾個圖案有：陽光放射型、閃電型、曲折型、重疊箭頭型、星星閃爍型、埃及金字塔型等等。Art Deco 是 20 世紀的藝術運動的里程碑，更深深影響 20 至 30 年代的珠寶和紡織品設計。

往後十年，在大蕭條下，裝飾風(Art Deco)的藝術風格變得更加柔和，鉻(Chrome)、不鏽鋼和塑料等新材料開始被使用。這種新風格名為摩登流線型(Streamline Moderne)，出現於 20 世紀 30 年代。它最具代表性的特點是彎曲的形狀和光滑、拋光的表面；而 Art Deco 的輝煌在第二次世界大戰開始時就結束了。

左上 手鐲中間的磨砂玻璃刻有放射性線條，稱為樟腦玻璃(Camphor Glass)，是 Art Deco 珠寶中常見的物料(約 1930)。

左下 手鐲上的掐絲工藝(Filigree)精緻無比(約 1930)。

右 Art Deco 出品以簡約線條為主，其珠寶設計深受 Vintage 愛好者喜愛(約 1920 — 1930)。

035

036

037

大蕭條下的華美

1930 — 1940

30年代，荷李活文化誘惑大眾，帶大家走進紙醉金迷的電影世界。
平民百姓不但能在大螢幕上欣賞到性感迷人的晚裝、
還有穿着西裝的女演員展示「雌雄同體」的一面。
化妝品成為女生生活的重要一部分，
大家都想跟荷李活女星爭妍鬥艷。

在悠悠的時尚史裏，30 年代是總被遺忘的一段時光。美國的經濟大蕭條，令社會陷入了低迷沉寂的氣氛，失去了 20 年代盡情狂歡的心情。但亦因如此，30 年代的風格開始脱離上個十年的直筒身形，再次強調從內而外的優雅，為我們留下不少經典的影像。別以為在嚴峻的經濟環境下，時裝一定保守乏味。你可知道，教人眩目的晚禮服就在這時代華麗登場？荷李活的電影業發展愈趨蓬勃，上電影院成為大眾在有限資金內的最佳消遣活動。大眾從大銀幕欣賞到五光十色的世界，瞬間忘掉現實的掣肘。荷李活女星的裝扮也引起了人們的關注，女生會跟隨電影明星打扮，如 Joan Crawford、Vivien Leigh、Lana Turner、Greta Garbo 和 Veronica Lake 等等，名字多不勝數。女星在螢幕上總是打扮得華美優雅，穿上絲質的露背晚裝、V 領的泡泡袖長裙等，叫人目不暇給。

"In difficult times, fashion is always outrageous."

——Elsa Schiaparelli, fashion designer

細看 30 年代的時裝雜誌插畫，便知道當時崇尚高挑修長的曲線美：

001

1930 年代女性雜誌展示當下的流行時裝，用上蕾絲和飾邊，這些美輪美奐的設計實在難以令人聯想起大蕭條。

流行指標

這些風格歷久彌新、充滿女性優雅的形態原來是時裝設計師 Elsa Schiaparelli 提倡一種「上闊下窄」的最新理想身形標準：以肩墊塑造硬朗形象，強化肩線的方式使腰臀更顯纖細，再以嫵媚的裹身裙緊貼身體，平衡陽剛味。 這種外觀革新了 1930 年代的時尚，鼓勵女性去欣賞和擁抱自己的身體。直到 1940 年代後期，肩墊仍是時裝史上最具標誌性的元素。為了讓體態看起來更完美，衣服大多是 V 形領口，加入了蝴蝶袖、泡泡袖或荷葉邊衣領等細節，更添女性美。20 年代清一色的低腰剪裁回復到正常腰線位置，優雅的帝國式腰線（Empire Line）亦大行其道。1929 年起，人們不再喜歡缺乏曲線的 flapper look，又回到強調纖細腰線的年代，而魅力四射的荷李活明星打扮更成為流行指標。

1938 年，上流社會的年輕女生盛裝出席一個 Military Ball。
30 年代的時裝世界仍是一片優雅。

+ 荷李活影星

003

30 年代的模特兒穿上斜裁的裙子，展顯修長體態。

拜「斜裁大師」Madeleine Vionnet 所賜，30 年代最重要的時裝突破就是 Bias Cut（斜裁）的應用。Bias Cut 是指將面料以織法的 45 度角裁切，從而塑造出流暢的垂感。雖然 Vionnet 早於 20 年代已經開始使用斜裁方法，但礙於那時的服飾潮流以直線輪廓為主，因此斜裁技術到 30 年代才受到重視，更一下子成為所有晚裝的製作方式。當時的晚裝大多以雪紡、絲綢、縐紗（crepe-de-chines）和色丁製造，布料優秀的亮度和紋理在大銀幕上表現得完美無瑕。影星紛紛穿上流暢垂墜、絲滑飄逸的希臘式禮裙，頂着一頭波浪捲髮、披着皮草，對着鏡頭展現最性感高貴的一面。每一幕都是衣香鬢影的景象。

根據紐約大都會藝術博物館服裝研究館部（Costume Institute, Metropolitan Museum of Art）策展人 Richard Martin 和 Harold Koda 的紀錄，現代的無肩帶連衣裙 strapless dress 在 1930 年代首次登場。1934 年時裝設計師 Mainbocher 設計出一件無肩帶的黑色色丁裙，驚艷整個時裝界。另外，著名影星 Libby Holman 在 1930 年的廣告中以一件貌似無肩帶的裙子示人，無肩帶裙因此而初露光芒。Christian Dior 則宣稱完全無肩帶和無袖子的設計是 1937 至 1938 年的產物：「Absolutely strapless, sleeveless evening dress was a 1937 - 1938 invention」（*Issue of Life*, 18 July 1938）。

+ 廉宜的時尚替代

欣賞過電影女星扣人心弦的魅力後，女生們都爭相仿效。可惜大蕭條令時尚成為基層人士難以接觸的領域。1930 年代之前，不少美國商人會從法國購買最新的設計樣式或較低廉的仿製品再回國轉售。但是，由於大蕭條期間對於這些貴價服裝的稅款被大幅提高，於是人們便轉向購買

004

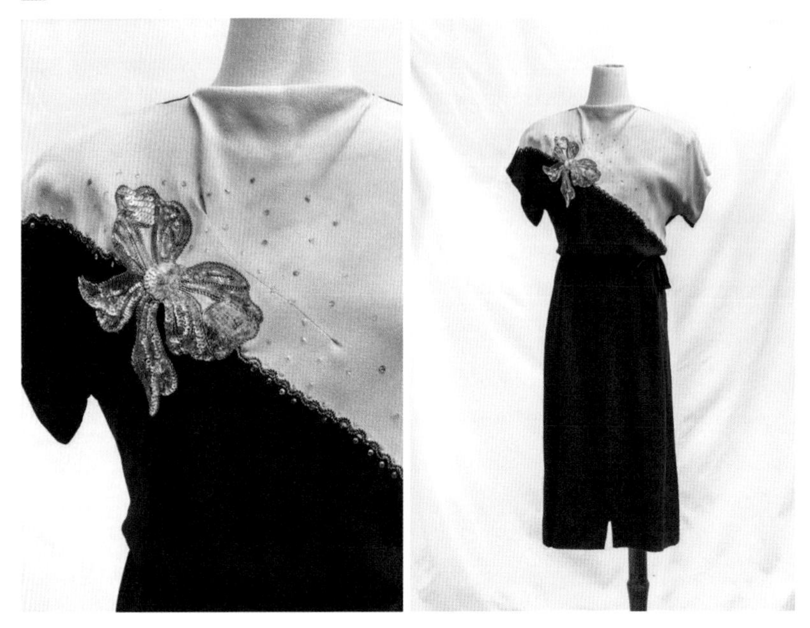

約 30 至 40 年代的斜裁裙子，同時展現「上闊下窄」的理想身形標準：以肩墊塑造硬朗形象，強化肩線的方式使腰臀更顯纖細，再以嫵媚的裹身裙緊貼身體，高貴典雅。

免稅的 Muslin（平紋細布）等廉價布料。所以在 30 年代美國，簡化的「法式」平價時裝充斥市面。

30 年代特別流行一種名為「禮服夾」（Dress Clip）的飾品：

005

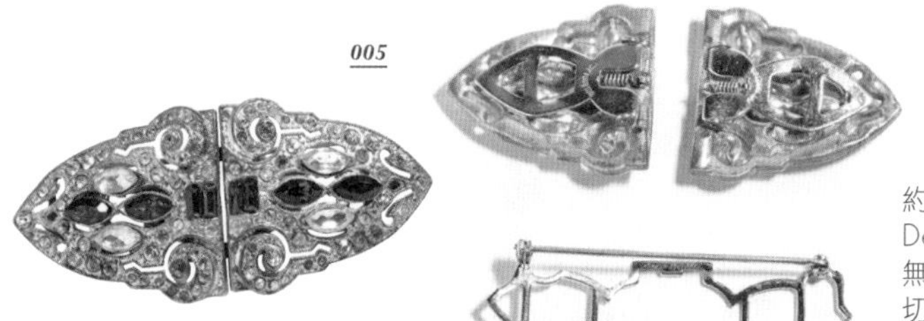

約 1930 – 40 年 的 Art Deco 風格的胸針夾，以無色水晶和藍寶石色調的切面玻璃鑲嵌而成。

胸針夾（Clip-Pin）是一雙禮服夾和胸針二合為一的設計，在 1920 年代後期至 50 年代間流行。設計師把一雙禮服夾安裝在可移動的胸針框架中，讓穿者可自行選擇作胸針，或作禮服夾配戴。坊間的公司都製作出自己的版本，更以專有的名稱銷售，例如 Coro 的「Duette」和 Trifari 的「Clip-Mates」。這種聰明的設計深受平民女生和明星喜愛，常見於雜誌和畫報中。她們隨心所欲地將之夾在衣領、腰帶，甚至帽子上。

經濟大恐慌使得 1920 年代的浮華有漸漸褪去的趨勢，然而彩妝的發展卻是有過之而無不及。在電影明星的推廣下，妝容的視覺效果依舊誇張。在大蕭條時期，相對於服裝和手袋，較便宜的口紅成為美國婦女

006

007

左　法國時尚雜誌展示使用禮服夾的方法。把禮服雙夾拆開使用，佩戴在禮服領口的兩側，不但具畫龍點睛的效果，更能將視線帶到迷人的鎖骨位置。左圖的廣告女郎甚至創意地以禮服夾夾在肩膀。

右　30 年代末的彩妝廣告，以及約 30 年代出品的搪瓷粉餅盒，放射性線條盡顯 Art Deco 的魅力。

008

一張南美的明信片上，模特兒仍然畫上「可憐小狗」的下彎眼眉。

較能負擔的奢侈品之一，所以紅唇是30年代妝容中不可或缺的一部分。這個時候，櫻桃小嘴不再，30年代的女星只利用唇膏描繪出原本的嘴唇輪廓。今天我們擦上唇蜜（lip gloss）的化妝方法更是當年創造出來的，以展示水潤的迷人豐唇。20年代的「妖后」派對妝容在30年代的節儉風氣下顯得不合時宜，展現女性優雅才是妝容的目標。上個十年的「可憐小狗」眼眉不再，眉峰再次出現；而且，在明星效應下，假睫毛的使用非常普遍，加上啡色眼影和下眼線的運用，令眼睛更具神采而不覺低俗。

一物二用的服飾

30年代的女生並沒有被貧窮限制幻想。

回歸現實，許多婦女關心的是日間服飾的實用性，她們需要便宜又耐用的衣服，而非一件絲質晚禮服去出席一個從未獲邀的晚宴。

House Dress（家居洋裝）早已出現，卻在30年代大放異彩。顧名思義，House Dress是婦女在家時所穿着的樸素服飾。這種家居洋裝通常採用最平實的棉布製成，在胸前交疊如浴袍般的設計，配以荷葉邊增添女性美，再用腰帶束腰修身。在30年代，Hooverette應運而生，是一種可以雙面穿着的家居洋裝，絕對是在節儉期間一物二用的聰明小點子。

當離家外出時，婦女是絕不可能穿着家居洋裝離開家門的。因此她們外出時會穿上以絲綢或人造絲製造的泡泡袖Day或Afternoon Dress，配合腰帶和大衣領，繼續展現女性優雅一面。這些不論是自家或工廠大量生產的連衣裙，都會在裝飾上加小細節，如小領帶、皺褶和蝴蝶結等，為平實的日子帶來點點生氣。經過十年的沉寂後，蕾絲回歸，衣服上大領口和手袖多以白色飾邊（如蕾絲）點綴，是經典的 30 年代特色。不少富家女子更透過穿着整件蕾絲連衣裙來展現財富。有空閒時間的婦女更會親手刺繡或手造花朵配飾，這樣不用花費額外金錢亦可看起來體面一點。手套在 30 年代是表現優雅的手法，女士一般在白天穿戴長及中臂長度的手套，多以織物、鈎針編織花邊或柔軟皮革製成；而穿着背心式或無肩帶的晚禮服時則或戴手肘長度的手套，只露出上臂。20 年代那份放縱跳脫的態度漸漸淡出，裙子長度也放回可覆蓋小腿或腳踝左右的長度，裙襬一般是像小小的喇叭狀形態，不像 20 年代的直筒線條，也未及 50 年代的傘裙大擺，反而散發另一種端莊之美。

009

010

左　30 年代的服飾，多以平實的印花棉布製成。

右　1934 年，生於上流社會的 Charmian Bernays（右）穿上荷葉領的日間裙子外出，手上拿着一個 Clutch 和一雙手套。

+ 繁花簇擁

由於紡織品印刷技術日漸成熟，布料上的印花圖案更見精彩。在 30 年代，花卉圖案佔據了平民時裝的市場。花卉圖案變化萬千，由碎花以至達到 3 英吋大的花朵圖案亦非常常見。既然沒有多餘的金錢購買飾物，何不直接穿着已經多姿多彩的花布裙子？其他圖案如大圓形、鑽石和正方形等幾何圖案，還有腰果花和波點都大受歡迎；格子圖案在這個時候以比較簡單的形態出現，通常用上不多於三種顏色拼湊而成。當用來盛載麵粉的棉布袋也開始印上漂亮圖案時，節儉的婦女當然不會浪費。她們利用這種布料製作連衣裙、圍裙和袋子。進入簡樸的 30 年代後，自家製的情況再次流行起來，她們甚至訂購包含材料的 DIY Kit Set，在家中製作自己的小錢包或編織袋。

面對嚴峻的經濟困境，工廠製造的成衣開始取代手工訂製，批量生產讓更多人有機會添置衣服。雖然如此，不少婦女仍然比較喜歡自己縫製或者將現有的衣服升級改裝（upcycle）。因為資金所限，廠商要各出奇謀削減成本，這也促成了一場小小的時裝革命。昔日高昂細緻的布料不得不退場，取而代之的是棉麻這類廉價、粗樸的物料，甚至有產品目錄以「The rougher the smarter!」為口號，以吸引勤儉持家的主婦購買，讓以往高高在上的時裝變得更平民化。意大利設計師 Elsa Schiaparelli 還想到用拉鏈代替昂貴的鈕扣，可見經濟衰退也為時尚帶來一點突破。

011

布料上的印花圖案多姿多彩。

英姿颯爽的女裝

012

在 30 年代，水手造型也大受歡迎。
前衛的女生更會穿上褲子。

在芸芸女神般的荷李活明星中，德國女演員瑪琳．黛德麗（Marlene Dietrich）不時以雌雄同體的中性造型出現。她優雅中帶帥氣的形象不但突圍而出，更是60年代伊夫．聖羅蘭（Yves Saint Laurent）經典「香煙裝」（Le Smoking）的靈感繆斯。

還記得 1910 年的 Suffragette Suit 嗎？ 20 世紀初的女式西裝都是一件外套加一條半裙，而 1930 年當德國演員兼歌手 Marlene Dietrich 首次穿上西裝褲和 Top hat 在電影 *Morocco* 中亮相時，曾掀起軒然大波。雖然褲子從 19 世紀中期起已在女性衣櫥中出現，但那時對能穿上褲子的活動有嚴格限制，例如只可以踏單車時穿着，所以 Marlene 的大膽打扮立即令各界議論紛紛。坊間的意見好壞參半：有人認為她帶領起新時尚，是新時代的領導者；亦有人覺得她男裝女穿，是不倫不類的「異類」。

根據 *Los Angeles Times* 的報道，傳聞指 Marlene 更因此在餐廳面對被拒絕服務的情況：

> *"Robert Cobb, the restaurant's owner, refused to seat her. On witnessing her rejection, a pair of comics, Bert Wheeler and Robert Woolsey, left the restaurant and came back in skirts (it's unclear whether they were allowed in). It would be decades before Cobb lifted his ban on women in pants, the Times said."——Cecilia Rasmussen, "Once in Fashion, the Brown Derby Became Old Hat", Los Angeles Times (27 November 2005).*

這時候的主流西裝沒有今天的女性修身剪裁，看起來就像直接穿上男裝。

> *"I'm sincere in my preference for men's clothes—— I do not wear them to be sensational."*

> *"I think I am much more alluring in these clothes."——Marlene Dietrich*

根據主流媒體的記載，Marlene 是在荷李活電影史上第一位穿上西裝褲子且發出誘人魅力的影星。她勇於違背社會規範，開創雌雄同體風格，這種革新的女性主義令她名留千古。

013

1930 年代的時裝雜誌中，模特兒示範上身配搭簡樸的棉質上衣或者蝴蝶袖的絲質襯衫。不論物料是甚麼，修腰的剪裁是不能缺少的。不但蝴蝶綁領設計能增添少女味道，而且精心配搭的鈕扣更討人喜歡。

當時經常穿着西裝褲亮相的女影星還有 Katharine Hepburn、Greta Garbo、Bette Davis、Jean Harlow、Myrna Loy 等等。她們每次穿着褲子出現都會遭受守舊派的咒罵。話雖如此，在那個時代的雜誌和照片中仍不乏短褲的蹤影。

勞動階層的婦女也開始穿上實用的長褲。這些褲子通常是高腰闊腿褲，前面可能有皺褶，在不走動時看起來就像一條裙子；拉鍊或鈕扣多數置在腰側位置。當時流行水手服，因此雙排鈕扣的腰頭設計深受女生喜愛。夏天的褲子由耐用的棉織物製成，而冬天則用斜紋布或羊毛。在 1940 年代牛仔布（Denim）還未應用在女裝以前，像牛仔布的有色輕紗布（Chambray）是經常用於女性服裝的布料。

雖然穿褲子慢慢成為社會的恆常部分，但也不是每個場合也接受的，在錯誤場合穿上褲子甚至要面對法律制裁和罰款。

1939 年，一名洛杉磯的婦女因穿着休閒褲上法庭而入獄，因法官稱這些休閒褲會對庭內法律事務作出干擾。難以置信的是，原來直至 1993 年，美國國會仍是禁止女性在參議院穿上褲子的，直至 1993 年的 *Pantsuit Rebellion* 推翻這個古老的政策。

30 年代「Fingerwave」波浪形短髮仍然大行其道，及肩的長度成為追求女性嫵媚的選擇。早年遮蓋額頭的瀏海慢慢演變成左右分界，緊貼頭形。

20 年代的鐘形帽（Cloche Hat）被新潮流驅走，最新的帽子款式是帽簷平坦寬闊，帽冠扁平，有點像巴拿馬帽的設計（Panama Hat）。另一方面，貝雷帽（Beret Hat）仍有不少忠實粉絲，幾乎是近百年時裝史上從未缺席的座上客。1939 年的電影《亂世佳人》（*Gone with The Wind*）令誇張的藤織太陽帽再次興起，而將帽子微微傾斜地戴在頭上亦是最時髦的戴法。

在微妙的國際形勢之下，在接近 40 年代的日子可以看到軍事風格也悄悄滲入女性裝扮之中，呈現較為剛硬的線條，兩件式套裝也變成了一大主流。雖然如此，優雅浪漫仍然是 30 年代的基調，總是可見修身連衣裙、華麗禮帽或珠寶的影子。當時的女性，就這樣帶着複雜又獨特的時尚印記，迎接後來動盪無比的戰爭時代。

014

015

016

上　1934 年，在 Milton 欣賞網球賽的女士們大多將帽子微微傾斜地戴在頭上。

左下　演員兼作家 Diana Bell 穿上短身的裙褲示人。

右下　1937 年的賽馬活動上，女士們都盛裝出席，而帽子更是不可或缺的配飾。

時尚絮語

陽光與海灘的時尚造型

017

Atlantic Giant
The Queenslander
ILLUSTRATED WEEKLY
6d
APRIL 16, 1936
Features
Women Who Dared: A New Series Begins — That Far Northern Patrol — Attractive Pattern Free

1936 年雜誌 *The Queenslander*（16 April, 1936）的封面插畫也展示流行泳裝。

在 30 年代，蜜糖色肌膚不再代表勞動階層的苦力，反而象徵中層階級悠閒的海外假期。這時候的泳衣設計大放異彩，背心形、吊帶、V 領，甚至露背款式應有盡有。最特色的設計要算是小腰帶配飾，可見當時修腰的滴漏形輪廓已經完全滲透時裝的每一部分。隨着科技進步，1935 年尼龍物料誕生。因為尼龍的耐用性和韌性相當高，薄而柔韌，泳衣用上尼龍和乳膠混合物料，能緊貼身體，讓穿者感到更舒適。此外，當絲襪和內褲首次用上尼龍後，也隨即大賣。

018

在澳洲黃金海岸，名叫 Marie McKenna 和 Gladys Cooling 的兩位女生在海灘上穿上的連衣泳裝，緊貼體態。（1938 年 12 月）

第二次世界大戰下
不一樣的時裝世界

1940 — 1950

第二次世界大戰爆發，除了「We can do it」的態度外，
女士還會維持美艷打扮以提高前線士兵的士氣。
當物資短缺的時候，大家發揮無窮創意，
在小腿後畫上一條直線以製造穿着絲襪的錯覺，
穿上用降落傘製成的內衣等……

001

模特兒 Elizabeth Refchange 展示 40 年代的鮮明時裝風格。（攝於 1944 年 12 月 13 日）

1939 年 9 月 1 日，第二次世界大戰一觸即發。雖然 30 年代的大蕭條未有令璀璨的時裝停頓下來，但在 40 年代的漫天烽火中，所有服飾都以方便維持日常運作為大前提，荷李活式的華麗時裝要靠邊站。時裝不再是個人的私事，而是將整個國家、社會牽扯進來，造就了大時代下的鮮明風格。

提及 1939 年至 1945 年的第二次世界大戰，腦海總會浮現槍林彈雨的場面。在戰場以外，平民百姓的日常生活圍繞着配給制，每日為穿的喝的而煩惱。這個時期的裙長由 30 年代遮蓋小腿的位置再次縮短至及膝的長度，女裝由嫵媚的修身設計轉為線條硬朗的套裝，褲子成為勞動女性每天穿着的流行服裝。

002

40 年代罕見的彩色相片，展示戰爭期間日本人在美國的情況。當中四位日本女士的打扮各形各色：黑色小洋裝、正規套裝、針織上衣和藍白斜間尖領上衣。（攝於 1942 – 1943 年，Japanese American camp）

戰時的實用服飾（Utility clothing）

由於戰爭不知何年何月才結束，因此不論服裝材料還是人力資源也愈見緊絀。本來用於製造服裝的羊毛被用來為士兵們製作制服和外套。後來羊毛短缺，便以再生羊毛（Recycled wool）和人造絲的混紡物料代替。在戰爭初期，棉料成為平民百姓主要穿着的布料。及後，大量生產的人造絲（rayon）代替棉料，主要用來製造裙子，甚至代替羊毛用於西裝和外套。製造給士兵的靴子需要皮革，在供不應求的情況下只能以人造皮革（Vinylite）代替皮革，有些人更穿着木底鞋代替一般鞋履。

有見及此，英國政府在 1942 年實施嚴格的配給制，連製衣的布料、鈕扣或拉鏈等都有數量限制，只有符合標準的廠商才能獲得「愛國」的稱譽。

003

004

左上 人們以樸素的衣服迎接 40 年代。左二的女生頸上是放有愛人相片的相框項鏈嗎？（攝於 1941 年 10 月）

右上 約 40 年代製造的人造皮革手袋。

下 *World War II Ration Book*
二戰時的美國配給換領冊。

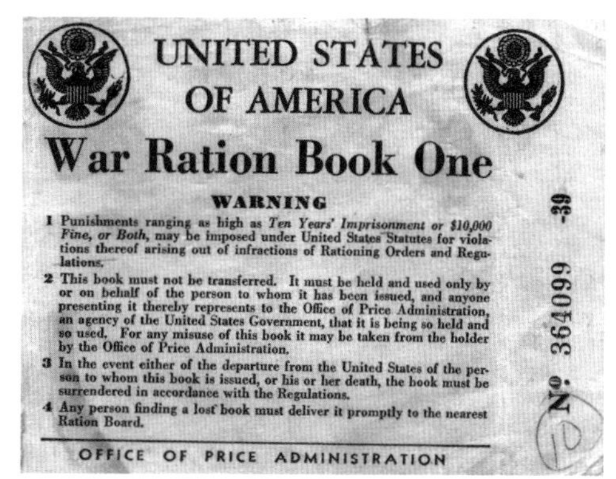

UNITED STATES OF AMERICA

War Ration Book One

WARNING

1 Punishments ranging as high as *Ten Years' Imprisonment or $10,000 Fine, or Both,* may be imposed under United States Statutes for violations thereof arising out of infractions of Rationing Orders and Regulations.

2 This book must not be transferred. It must be held and used only by or on behalf of the person to whom it has been issued, and anyone presenting it thereby represents to the Office of Price Administration, an agency of the United States Government, that it is being so held and so used. For any misuse of this book it may be taken from the holder by the Office of Price Administration.

3 In the event either of the departure from the United States of the person to whom this book is issued, or his or her death, the book must be surrendered in accordance with the Regulations.

4 Any person finding a lost book must deliver it promptly to the nearest Ration Board.

OFFICE OF PRICE ADMINISTRATION

Nº 364099 -39

005

在配給制下民眾需要換領券來換取衣服：一件衣服需要十一張換領券，一對長襪需要兩張，一雙鞋子五張等等。但隨着戰爭持續，政府發出的換領券愈來愈少。

英國政府推出的實用服裝計劃「Utility Clothing Scheme」，是貿易委員會贊助製造出一系列的「實用服裝」。所謂「實用服裝」的生產過程必須符合特定的物料和勞力數量嚴格規則，合格的服飾會釘上 CC41 的標籤以作識別。這種標準化的生產不但能提高工廠效率以釋放更多資源用於戰爭，在標籤的識別下更能為公眾提供質量保證。

這個實用服裝計劃詳盡列明衣服細節的規限：每件衣服不能以多餘的配件裝飾，必須以簡約為大前提；剪裁方面不能有多於兩個口袋和五顆鈕扣；裙子上最多六個接縫（Seams）、兩個皺褶／盒形褶或四個刀褶（six seams in the skirt, two inverted or box pleats or four knife pleats），以及不超過 160 英吋（四米）的針腳（stitching）。為了節省布料，裙子一律改為僅僅及膝的長度，色調也偏向陰沉的啡色、軍綠色等，符合氣氛之餘又達到耐穿耐髒的效果。

由於美國在後期才加入戰爭，他們的配給情況較為輕微。皮鞋的製作在 1943 年受到限制，當時只有黑色、白色、海軍藍和啡色供選擇；而鞋跟高度只能是 1.5 英吋高。但限制女性服飾剪裁的 Limitation Orders L-85 並沒有歐洲那邊嚴謹，這亦被稱為「no fabric on fabric」的規則。由於政府規限化學物質的使用，布料顏色的選擇則視乎政府每季的公佈，主要是紅白藍的「愛國」色調。

這種限制措施後來也擴展至家具類別。1942 年在倫敦舉行的「Utility furniture」多功能家具展，展示戰時的模範家庭模樣，一切以實用簡約為主。展覽中展示兩名婦女在客廳餐桌上用餐。家具包括桌子，椅子和餐具櫃都是以淺橡木製成，沒有多餘的裝飾。

006

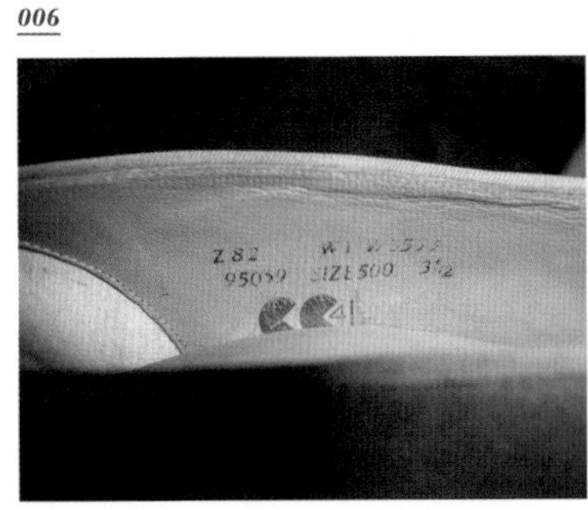

007

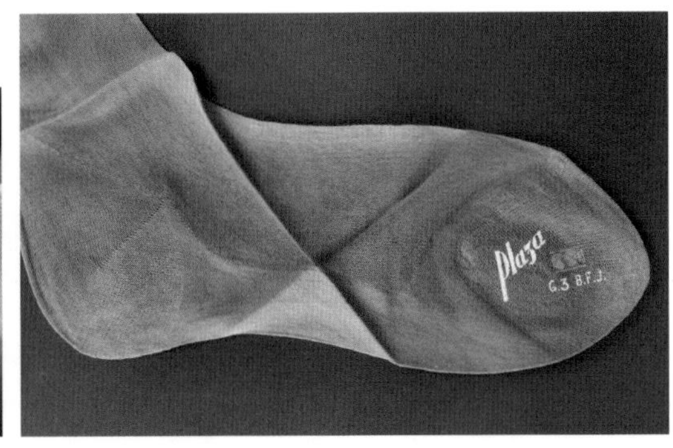

左　在英國，印上 CC41 的標誌是產品質素的保證。

右　40 年代的長襪上印有「Plaza CC41」的標籤。

後勤女生的愛國情懷

男性在前線衝鋒陷陣，女性在後勤保護家園。不難發現，此時的女性衣着注入了濃烈的軍事色彩。由於大量男性被徵召到前線作戰，女性開始走進職場貢獻勞力，累贅的長裙又怎能再符合她們的需要？既然無法採用奢華質料，女裝便趨向講求輪廓和結構美感，甚至嘗試強調男性化的力量。每件襯衫、連衣裙等都配有肩墊，與微拱的衣袖形成筆直硬朗的方肩線，而端正的高腰套裝更備受女性歡迎。那時的街頭上，總會看到事業女性挽着簡約的皮包、穿着鉛筆裙走路或騎着自行車上班，與過往追捧的淑女形象截然不同。在戰爭期間，想穿上迷人的白色婚紗，擁有一個夢幻的婚禮非常困難，不少女生索性選擇穿着簡約的日常連衣裙 Day Dress 結婚，甚至亦會穿上表現愛國驕傲的制服。

對女性來説，一套漂亮衣服的魅力實在讓人無法抗拒。皇家海軍女子服務團（Women′s Royal Naval Service，WRNS）更以設計型格的制服作招徠，吸引女性入伍。這套時髦的海軍服裙不但毫不吝嗇地用上工字褶（Box-Pleat），更提供高質素的黑色絲襪，在配給的情況下，的確是非常吸引的「特權」。

1943 年加入 WRNS，後來成為作家的 Barbara Pym 在 *Guardian* 的訪問中提到：

"My hat is lovely, every bit as fetching as I'd hoped… I also have a macintosh and greatcoat – three pairs 'hose' (black), gloves, tie, four shirts and nine stiff collars, and two pairs of shoes which are surprisingly comfortable." For one working-class recruit, the comfort of the standard-issue shoes was less important than the sensation of owning "a pair that had never been worn before … I was so proud".
—— The Guardian (20 February 2015)
（https://www.theguardian.com/fashion/2015/feb/20/in-the-line-of-duty-fashion-during-second-world-war）

008

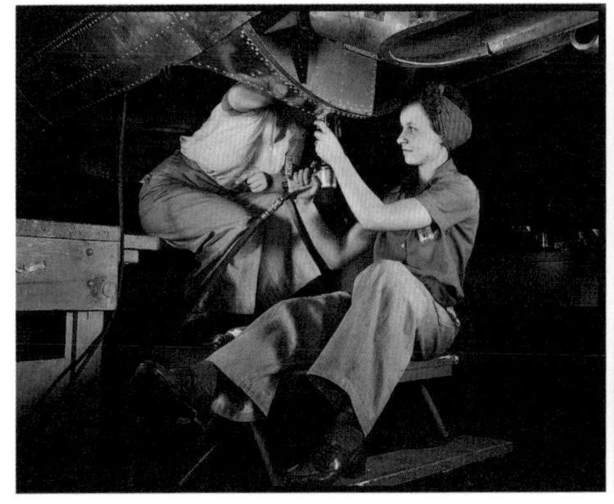

009

左下　耐用的牛仔褲成為婦女的工作服，不少女生還穿上牛仔布製造的上衣。

右上　戰爭時期，不論男女都投入勞力報國。此畫報就鼓勵女性收集金屬、袋、紙、骨、橡膠和玻璃，以作軍事用途。

戰火下的時裝

大戰期間需要大量金屬（特別是鋼鐵）來製造戰役所需的武器、坦克、輪船、飛機和其他機械等等，因此金屬都被納入配給制。這個安排直接影響珠寶首飾製造，因此不少高級首飾品牌都改用不受限制的純銀或含高濃度銀的金屬代替卑金屬（Base metal）或銅。同時，塑膠、木材、珍珠貝母、貝殼、象牙等物料亦開始廣泛應用。

Pot Metal 是戰時另一種普及的金屬物料。這種像煮飯鍋一樣粗糙的厚重金屬由於熔點低，不但容易鑄成模具，且製造成本便宜，因此不少戰時的低價首飾製造商都會採用。

+ 淒美浪漫的 Sweetheart Jewelry

隨着人們習慣長時間穿着相同的衣服，配飾成為令造型看起來耳目一新的小魔法。在戰亂期間，配飾的角色超越了原來的時尚的定位，更是表達愛國的好方法。

在這個資源短缺的年代，不論男女都會戴上支持國家的「愛國」（Patriotic）配飾以互相鼓勵，當中包括以表彰為他們為國家服務的徽章。另一方面，男性在出征之前，特別是丈夫或男朋友，更會為愛人送上道別的胸針、吊墜或手鐲，因此被稱為「Sweetheart Jewelry」（甜心飾品）。戴上這種 Sweetheart Jewelry 的女生不但能感受到濃厚的愛意，而且在國難當前，她們更為走上前線的愛郎感到驕傲。

其實「甜心飾品」的歷史可以追溯到第一次世界大戰。二十年後，美國首飾品牌如 Trifari 和 Coro 等公司看準商機，加以推廣這種愛國主題的創作。

像圖 011 中手錶帶的伸縮手鍊其實早在維多利亞時期已經出現，是給小女孩配戴的首飾。直至二次世界大戰，聰明的商人將此包裝成為「Sweetheart Bracelet」，成為臨別在即的士兵們送給愛人的定情信物，廣受歡迎。

大戰時期的飾物除了用來裝扮外，原來也可以有動人的意義。

在美國尚未投入二戰時，曾成立了名為「British War Relief Society」（BWRS）的人道救援組織，為陷入戰火的英國人提供糧食、醫療用品等非軍事援助；而紐約的一位主婦 Mrs. Latham 也由編織手套、圍巾等針織品開始，開展了近百萬人的慈善組織「Bundles for Britain」。在 1940 年的 10 月 15 日，BWRS 聯同 Bundles for Britain 與其他組織推出

010

這枚胸針背後刻有「Official BWRS and B.B」的小字，到底是甚麼意思呢？

了以盾牌和雄獅為標誌的飾物，並將銷售所得的款項都捐助英國。這系列飾品主要以搪瓷所製，上面印有法語「Dieu et mon Droit」的字樣，即是英國君主的格言——「God and My Right」（我權天授）的意思，籌款以外也表達出對英國的支持。一件簡潔而樸實的飾物，不但記錄了一段壯烈的歷史，更見證着人與人之間互助的溫暖呢！

大概是因為這個時代的淒美浪漫吧，以花束為主題的首飾也大受歡迎，成為士兵離別前最後一次送給愛人花朵，象徵永不凋謝的愛意。

「Sweetheart」一詞，在戰爭期間彷彿像魔咒一樣令人着迷。這個時候非常流行一種勾勒出心形的曲線領口，突顯女性的迷人鎖骨。這種討人喜歡的細節被稱為「Sweetheart Neckline」（甜心領口）。

011

012

013

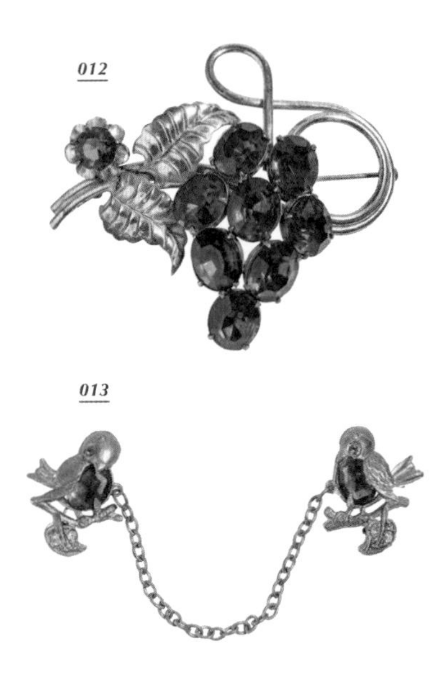

左　「Sweetheart Bracelet」——戰時的定情信物。兩條同為美國出品，上面是出自二戰，下面則是 D. F. B. Co. 在一戰期間的製作。

右上　大約於 40 年代出品的純銀胸針（Sterling Silver），外層鍍上一層金色。當時流行一種名為「Gold Vermeil」的飾品，意指在純銀的外層上鍍上 10K 金層。

右下　一雙鍍上金層的 Pot Metal 鳥兒胸針。

014

015

016

017

上　這枚「甜心相框」背後刻有「From Frank 1941」的小字，正面是刻有字母 W 的細緻圖案。

左中　胸針設計加上一隻手，像是正在向愛人送上花束。

右下　Vintage1961 的甜心領口復古設計。

左下　相中的澳洲上流社會女生仍打扮美麗，她們都穿上時尚的「甜心領口」。（攝於 1939 年的一場婚禮上）

+ Pin Up Girl

一種性感的畫報女郎圖像，更是戰時用來慰藉士兵的心靈雞湯。在傳單、日曆或其他印刷品上可以看見一些身段窈窕的美女，她們有一個特別的名稱——「pin up girl」，身着泳裝或內衣，擺着性感的姿勢，就像為白天衝鋒陷陣的士兵打氣。這群在為國家奮鬥的戰士，離鄉別井，當在孤單寂寞的晚上就把美麗的畫報女郎貼在衣櫃上，以解鄉愁。

Pin up 這個詞彙首次見於 1941 年，意指釘在牆上的畫報。但這種性感相片的出現可追溯至 1880 年。

018

德國插畫家筆下的 Pin Up Girl。

+ 勝利的髮型 Victory Roll 與頭巾

40 年代的髮型以立體髮捲（roll）為主。這種像「蛋捲」般的髮捲變化多端，最流行的造型就是「Victory Roll」（勝利髮捲。「Victory Roll」就是把頭兩側頭髮向上捲，在頭頂形成從正面看來像兩個圓形的捲髮，拼湊起就像一個 V 字，因為被稱為「Victory」（勝利）Roll（筆者覺得有點像兩隻牛角），梳着這個髮型也是愛國表現的一種。

要塑造這種髮型必須於早一個晚上睡前把頭髮捲成一個個像「包租婆」的髮捲，然後用髮夾（bobby pin）定型。傳聞當

019

40 年代的復古妝容展示 Victory Roll。

時的婦女每個星期只清洗頭髮一次以保留造型。有人認為髮捲「Roll」的潮流跟二戰期間戰鬥機在天空中的留下螺旋狀的白煙軌跡有關，因為這種螺旋形態就像塑造髮捲時的主要手法。

020

女士們還會配上一個色彩鮮艷的大花頭飾以增加女性魅力。

另外，頭巾亦是 40 年代的時尚記號。特別是穿着工人制服的婦女，她們裹起頭巾，把多餘的長髮束起，這樣子不但方便工作，更讓以瀏海捲起的 Victory roll 悄悄露出在前額上，時尚非常（如圖 008）。例如由 J Howard Millers 設計的經典「We Can Do It!」海報，上面有着堅定眼神、捲起衣袖、裹起紅點頭巾的女士。

021

40 年代的髮型以不遮蓋臉部為主。另一個戲劇性的髮型「Bumper Bangs」就是把瀏海梳理成橫向的圓柱子體，因為活像一枝「保險槓」而命名。

+ 自己動手　豐衣足食

戰爭也激發了人們無窮的創意。在配給制度下，購買布料比購買成衣需要的換領券較少，因此在家自行縫紉再次流行起來。

英國政府推出 *Make and Mend* 的小冊子以鼓勵民眾修理舊衣服，將舊面料回收再利用作新服裝，甚至在海報和傳單提供衣服護理的實用資訊以延長衣物壽命。例如：如何防止飛蛾對羊毛造成損害，如何使鞋子更耐用等。隨着戰爭的持續，面對配給的嚴格限制，對許多人而言，維修已不再是一種選擇。面對布料短缺，婦女更用上毛毯和窗簾等家居用品製成衣服。到了後來還改造舊有男裝，開啟女性穿上休閒褲裝的風潮。

022

023

024

025

左上 1944 年 Simplicity 的裁衣紙樣。

右上 在華盛頓，一位全黑打扮的高貴女士在一個聯合車站的公園裏塗上口紅（攝於 1943）。

左下 當男性走上戰場，女性便在後方支援。

右下 向後捲曲的頭髮配搭帽子，以肩墊製造出的分明線條，這就是 40 年代的時尚。

026

027

上 戰爭期間的晚裝裙多以深色調為主，長及膝蓋，不會浪費太多布料。圖中的 40 年代出品連衣裙以象牙色蕾絲和黑色絲絨製造，別具時代的風格。

下 40 年代的晚宴手袋多以布料製造。圖中的手袋以黑色的刀褶布，加上扭紋方式塑造出立體的波浪形態。

當時手工編織(Hand knitting)非常流行。由於換領原材料比成品所需的換領券較少,這樣一來,節儉的婦女就能一邊消磨時間,一邊以更低的成本製作新衣。除了美麗的毛衣、小外套之外,她們更為家人編織內衣褲。雖然內衣褲設計上沒有甚麼吸引力可言,但這些物品保暖且耐磨,在換領券短缺的日子,便顯得更實用。

+ 勝利之妝

別以為大戰期間,女生一定頹廢示人——事實上卻是剛剛相反。

當時英國政府深信女生畫上美麗的妝容可以提高大家對勝利的決心。雖然化妝品的產量大大減少,而且要繳納昂貴的奢侈品稅,但化妝品從未受配給令限制。

戰爭期間主張「Natural Beauty」(自然之美)的妝容,因此荷李活式的誇張假睫毛已經不合時宜。40 年代的妝容以淡雅為主,但強調眉形硬朗整齊,加深顏色後的眉毛呈現較高的眉峰,女生們甚至用鉛筆把眉毛填滿,顯得更飽滿,滲透出清秀的陽剛味;眼蓋上以配合眼睛顏色的眼影強調清澈而堅定的眼神;刷上睫毛膏令雙眼帶自然神采。她們的臉上總會塗上胭紅,看來精神飽滿。明艷而低調的豆沙紅唇在淡雅的妝容上更達到畫龍點睛的效果;Max Factor 創造出「Hunter's Bow」的弓箭形飽滿唇形。在化妝品短缺的日子,女生更會用紅菜頭(Beetroot)汁染唇來代替口紅,或者用皮靴的黑色光油代替睫毛膏,實在是創意無限的時代。

028

戰爭期間主張的是自然之美的妝容,以強調眉峰的眉形、泛紅的面頰和嘴唇,帶來精神飽滿的效果。

永不停滯的時尚

儘管紙張短缺，但在整個戰爭期間時尚雜誌仍被允許繼續出版，因為英國政府意識到時尚雜誌是向婦女們灌輸消費主義以維持國家經濟的重要媒體。

> *Every time you hold back from buying, you knock the national economy a fraction off its balance.——Vogue.*

本來用作製造絲襪的絲綢和尼龍被用作製造降落傘，富有創意的女生靈機一觸，用粉底和眼線筆在小腿後畫上一條線，以營造穿上了絲襪的錯覺。由於戰時的軍事地圖須具備防水防撕破的功能，所以多以仿絲（Rayon）製造。當地圖資訊已經過時，這種物料就能重投平民市場，供應大眾，被製成睡衣、襯衫和內衣等。

1940 年，當德國佔據巴黎後，許多著名的時裝設計師落荒而逃。即使那些留下來的設計師也無法讓其作品離開法國，於是還未加入戰團的美國以紐約接棒成為時尚之都。一位才華橫溢但在時裝史上相對低調的美國女設計師 Claire McCardell 在 1939 年首次推出一種寬鬆不修腰的設計，她的上司當時亦不看好這種缺乏

029

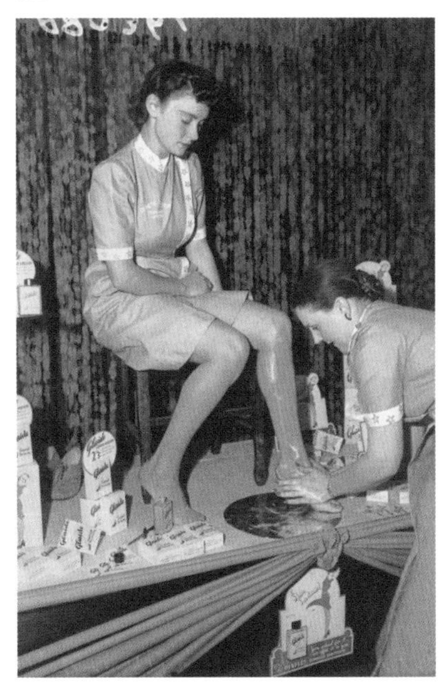

1941 年 9 月，澳洲布里斯本一家百貨公司示範為模特兒塗上「液體絲襪」（liquid stockings）。但由於「液體絲襪」所需的化學原料後來為政府限制使用，以投入戰爭，所以這種短暫潮流很快就結束了。

腰線的輪廓。誰料，當 McCardell 把腰帶束上後，立即顛覆美國時裝界，更把 Ready-to-wear 帶到另一個層次。每個人的腰線高低粗幼也不盡相同，這種設計讓女生跟隨自己的腰線以腰帶束起，在無須量身訂造的情況下，也盡顯體貼的腰肢輪廓。後來，在配給制的影響下，McCardell 改為採用軍方不需要的面料，例如棉質牛仔布，平針織物（jersey），「條紋墊褥布」（striped mattress ticking），Gingham 方格布和粗身白棉布（Calico）等。

戰後的 La Vie en Rose

1945 年戰爭結束，世界再次迎來亮麗的春天。

030

戰爭結束，法國時裝界以精緻的帽子和美麗的裙子迎接 50 年代。

時裝界率先以鮮艷刺繡和流蘇花邊點亮衣櫃。服裝亦捨棄對稱的沉重感，紛紛用上不規則的剪裁，反映人們急不及待擺脫二戰的晦黯單調。色彩確實又回到了衣櫃，變得更加柔軟和明亮。配給時代的結束，意味着女性可再次隨心所欲地穿上更長更蓬鬆的裙子。

翌年，法國國寶級歌手 Édith Piaf 推出歌曲〈LA VIE EN ROSE〉，以動人的聲線演繹出只要與戀人在一起，世界就像從粉紅色濾鏡看出來般美好的樂觀心態，以歌聲撫平無數戰後的心理創傷。

戰時實施的 Utility Clothing Scheme 不但提高生產效率和減少浪費，這種服裝生產的監管標準更增強消費者信心。高端時裝設計師更因此首次為大眾市場創造了「Ready-to-wear」的款式。這一切都為戰後服裝規模化生產起了推波助瀾的作用，大量製造的時裝加速成衣市場發展，多間百貨商店應運而生，如雨後春筍。

+ 經典回歸

1947 年 2 月，Christian Dior 在首個時裝發佈上推出「Corolle」系列，其沙漏形輪廓立即被美國版 *Harper's Bazaar* 的總編輯 Carmel Snow 定性為戰後的新風貌（New Look）。

"It's quite a revolution, dear Christian! Your dresses have such a new look!"——Carmel Snow

這個經典 New Look 重提女性婀娜的曲線身姿。貼身剪裁的沙漏形外套（Bar Jacket）上，腰線下的「裙襬」位置以填充物和馬毛支撐，看起來更圓潤堅挺；下身是 Tea Length 長度的裙子配合工整的刀褶（Knife-pleat）。纖細的腰肢在寬闊的裙襬對比下，形成極致的沙漏身材，完全揮別戰時的中性時尚。要達至完美的外觀，穿着合適的內衣能事半功倍。連 Christian Dior 先生自己也說：「Without foundations there can be no fashion」。

Dior 先生所指的「foundations」亦可解作為產品本質。

031

帽子是 40 年代的重要配飾，以遮蓋沒有時間打理的凌亂頭髮。

面對 Dior 提倡的古典沙漏輪廓，旨在利用時裝解放女性同時散發優雅的 Chanel 看到 New Look 的成功後，冷冷地回應：「Dior doesn't dress women, he upholsters them」。

被視為優雅經典的 1947 年 Dior New Look，相信大家並不感到陌生。

不過，時裝歷史學家 Jonathan Walford 認為這張為人熟悉的相片是 1955 年至 1957 年由德國時尚攝影師 Willy Maywald 拍攝的，卻一直被誤會是 1947 年 New Look 的首次發佈。

他指出相中的模特兒 Renee 是 Dior 先生 50 年代的愛將，他們在 1955 年至 1957 年期間有不少合照。再者，模特兒所穿的 stiletto heels 鞋子是 50 年代的流行款式，頭上的「Fair Lady Style」草帽更是 1956 年至 1958 年的時尚。這一切「疑點」都令他相信這張相片應該是 Dior House 在慶祝十周年時拍下的。你又認為如何呢？

+ 震撼如原子彈爆炸的比堅尼泳衣

當大眾歡天喜地地迎接了第一個戰後的夏天，一向以大膽創新聞名的法國設計師更以超性感的比堅尼泳衣震撼歐洲。

被認為是比堅尼之父的法國汽車工程師路易・瑞德（Louis Reard）以胸圍為設計靈感，將兩塊三角形布料左右連繫在一起，僅僅足夠遮蓋胸部；下身則以兩片倒三角形前後連繫起來，這便是「比堅尼」了。位於太平洋的比堅尼環礁（Pikinni）是當時進行原子彈測試的地點，設計師採用這名字的原意就是希望這套泳裝會激起與人們第一次看到原子彈爆炸的蘑菇雲一樣的震撼反應。

他後來更邀請曾是巴黎大賭場的脫衣舞女郎 Micheline Bernardini 作為其比堅尼泳裝的模特兒，首次展示這個革命性的泳衣設計。

032

1946 年的沙灘上，女生換上性感的泳衣。

+ 舒適的步履

40 年代的鞋履設計全因別具前瞻性的意大利設計師 Salvatore Ferragamo 產生了重大變化。Ferragamo 能成為百年傳奇絕不是靠僥倖。儘管他設計的鞋子早在荷李活廣受歡迎，但它們並不那麼舒適。Ferragamo 沒有因為當下的名氣而自滿，相反，為求盡善盡美的他特意考進南加州大學（ University of Southern California ），修讀解剖學，務求以科學融入鞋履設計，以改善舒適度。他具前瞻性的思考模式擺脫了傳統的鞋子製造和設計方式，並製作出設計精緻且舒適的鞋子。

033

40 年代的鞋子款式從 20 年代女性化的 Mary Jane，
演變較為硬朗的綁帶設計。

後來，在二戰剛開始時，Ferragamo 面對製鞋物料的短缺，他開始走出固有的思維束縛，嘗試使用非傳統的材料，例如稻草、毛氈（Felt）、軟木橡膠（Cork）和木材來代替皮革和橡膠。他巧妙地運用木頭或軟木橡膠製成一個像三角形的平台作為鞋的底托，這種創新的鞋底輕巧耐用，深受歡迎。「船跟鞋」（Wedge Heel Shoes）於 1939 年誕生。

不過無論是戰前的樸實無華，還是戰後的豐富多彩，從紛亂回到和平的 40 年代，都讓人難以忘記。

時尚絮語

精緻的塑膠

034

Lucite（合成樹脂）這種精緻塑膠在戰時和戰後的時裝世界寫下精彩的一頁。全因二戰期間的皮革和金屬短缺，塑膠頓時成為炙手可熱的物料。

1931 年由Dupont發明的「Lucite」塑膠因其低密度和高可塑性的特質，成功替代早期低熱熔度的塑料，在第二次世界大戰期間廣泛應用在軍事物資上。戰事完畢後，各大設計師面對這種變化多端的新興物料感到無比興奮，除了繽紛鮮艷的色彩外，他們還加入閃粉、幻彩效果，甚至蝴蝶和花瓣等等，令塑膠設計變得多姿多彩。雖然現在塑膠不過是種廉價物料，但在逾半個世紀前來説，這可是個價值不菲的新發明！

"I added two handles to a hard plastic jewelry box and it looked great as a bag, so I took it from there." ——— Will Hardy (Anna Johnson, Handbags: The Power of the Purse)

設計具時尚建築感的Lucite Sculptural Bag首現於戰後時期。畢業於工業設計的Will Hardy於1948年加入家族手袋事業，更引領出

Lucite 手袋的潮流。Lucite 不變黃、顏色鮮艷和高可塑性深深吸引着極具創意的 Will Hardy，他以仿珍珠、雲石的效果，與仿玳瑁殼的元素融入 Lucite 的色彩，以硬朗的線條塑造出雕塑般的外型。他後來更自創品牌「Wilardy」，專門出售手工製作的 Lucite 手袋，一個手袋可索價當時的人接近一個月的薪水。

不同的高級品牌同時推出這種線條硬朗、結構感強烈且具透明感的 Lucite Bag。這個時尚高貴的出品，在推出初期只有在荷李活、邁阿密、巴黎、倫敦的高級百貨公司和紐約的第五大道（Fifth Avenue）有售呢！

035

036

上 這個混入珍珠效果的 Lucite 手袋是 Dorset-Rex 的出品，屬專利申請中的設計，在著名的第五大道出售。

下 沒有印上品牌的橢圓形 Lucite 手提袋，底部的金屬外框更添時尚。

小家碧玉的優雅

1950 — 1960

戰後的女性回復優雅，Dior Look 的沙漏身形回歸。
坐姿畢挺，打扮嬌俏迷人，舉手投足發出女性韻味。
在閨房內，她們坐在梳妝桌前，繫上精緻的小披肩，
才緩緩梳理起頭髮，頭髮一根一根的落在繡花布上，
神態自若，投入享受打扮的過程，
這是戰後 50 年代的女生生活寫照。

戰後的 Dior New Look 深深影響着 50 年代的時裝潮流。戰後生活回歸平淡，女生一改戰時的獨立與氣勢，不再是戰時的「男軍裝，女工裝」服飾，不論是剛投入職場的年輕女性、家庭主婦，抑或是步入花甲之年的婦女，她們都轉而追求溫柔婉約的女性美。

翻開 50 年代的時裝雜誌，那些妝容精緻的廣告女郎，總是穿着顏色鮮明、造型挺拔的時裝，再以誇張的珠寶首飾裝飾修長的頸脖，絕對是一件賞心悅目的美事。的確，彩色拍攝的發展令電影和雜誌等媒體步入嶄新領域，黑白電影、時裝插圖慢慢成為過去式，各大著名時裝攝影師以震撼的色彩給人留下強烈的視覺印象。

飽歷貧困的平民百姓不再匱乏，他們追求奢侈生活，活在當下的享樂心態回歸，消費主義重新抬頭。同時，起源於 1940 年代末和 1950 年代初的美國搖滾樂（Rock“N”ROLL）風靡全球。年輕人從自動點唱機（jukebox）中挑選貓王皮禮士（Elvis Presley）的音樂，踏着 Kitten heel 在舞池上跳着節奏明快的 Boogie Woogie，在汽水噴泉（Soda Fountain）旁演出一幕又一幕的精彩派對！搖滾樂就這樣療癒戰後的心靈創傷……

百花齊放的服裝

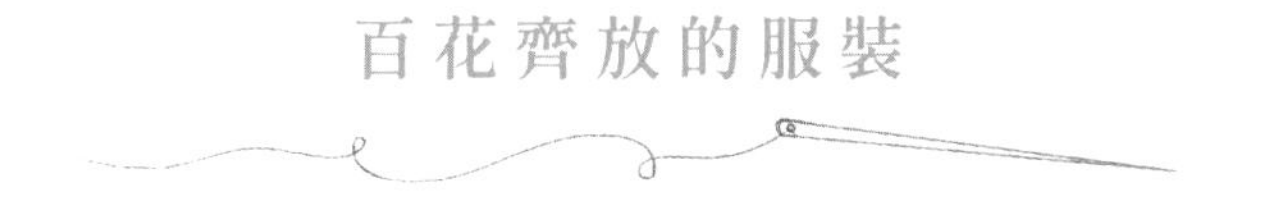

在政府倡導下，婦女雖然回歸家庭當主婦，但她們總是穿着優雅的服飾。戰後年代的女性顯然厭倦了質樸布衣，百貨公司急不及待地展示當下最流行的時裝，用上粉藍、鵝黃、粉紅或淡紫這些淡而柔和的色調，不時印上波點和間條等圖案，構成 50 年代耳目一新的迷人景象。

粉紅色甚至被視為代表 50 年代的色彩。1953 年美國總統艾森豪威爾夫人 Mamie Eisenhower 在就職典禮上穿上一件粉紅色的禮服，自此粉紅色與女性化畫上等號。

001

筆者的自家復古設計，後來才發現這跟美國總統夫人 Mamie Eisenhower 當年在就職典禮上所穿着的粉紅色禮服非常相似。

1957 年電影 Funny Face 其中一幕的歌曲〈*Think Pink!*〉，更歌頌了粉紅色的新潮流：

Think pink! think pink! when you shop for summer clothes
Think pink! think pink! if you want that quel-que chose
Red is dead, blue is through,
Green's obscene, brown's taboo
And there is not the slightest excuse for plum or puce
Or chartreuse!
Think pink! forget that Dior says black and rust
Think pink! who cares if the new look has no bust
Now, I wouldn't presume to tell a woman

What a woman oughtta think,
But tell her if she's gotta think, think pink!
Oh just to think about it! We want to think about it!
I'm tickled pink about it!
Pink for shoes! Pink for hose!
Pink for gloves and chapeaus!
Pink for cheeks and pink at your lips
Pink for shirts and all of your slips
Just a touch of pink at your knees
And if you please, pink chemise!
Think pink! Madame will…

然而有趣的是，早在1918年，根據6月*Ladies' Home Journal*的記載，粉紅色這種比較「果斷」和「強烈」的顏色更適合男孩；而藍色這種精緻的色調則屬於女孩子：

The generally accepted rule is pink for the boys, and blue for the girls. The reason is that pink, being a more decided and stronger color, is more suitable for the boy, while blue, which is more delicate and dainty, is prettier for the girl.

後來，情況逐漸轉變，到了40年代，父母都轉為小女孩挑選粉紅色；小男孩則選用藍色。

+ 搖曳生姿的小圓裙

即使只是在打理家務，婦女們也會穿戴整齊，以一絲不苟的完美妝容和髮型出現在丈夫和孩子面前。因為在50年代，每位成功的男士背後總有一位打扮得漂漂亮亮的「Trophy wife」。他們努力工作，讓妻子穿上最時髦、最精緻的時裝，以證明自己在事業上的成功。繁榮的時裝界

002

003

004

上　50 年代的粉綠色棉質車花連衣裙——粉色是 50 年代衣櫃的必備色調。

左下　*McCall's* 9222 紙樣教授婦女如何在家自行縫製小圓裙。

右下　粉色的衣服配飾，與加入裙撐的小圓裙，輕易塑造出迷人的沙漏輪廓。

005

006

左 1951 年，澳洲模特兒穿上露肩小圓裙。

右 配上一頂帽子和一雙手套，50 年代的婦女都打扮得美麗動人。

迎接全盛時期，更造就了雜誌、廣告和時裝攝影的急速發展，所有女生都美得像畫報女郎。

追求時尚潮流的女生們爭相仿效 New Look 配搭。在有限資金下，平民女生只要穿上小圓裙 / 傘裙（英文稱為：Swing Skirt / Circle Skirt），配襯剪裁貼身的上衣，就能輕易塑造出迷人的沙漏輪廓。小圓裙一般是長及膝蓋或再下降 2 英吋的 Tea Length 長度，腰線甚至是高於肚臍的超高腰位置，令雙腿更顯修長；而裙襬的闊度則分為 1/4、1/2 或全圓，適合不同需要。

為了加強沙漏輪廓的戲劇性效果，女生們都在小圓裙下穿着營造蓬鬆感的裙撐（Petticoat）。在街上行走時，裙襬隨着腳步擺動，搖曳生姿。更有不少女性利用幼細腰帶突顯曲線輪廓，盡顯華美雍容的一面。

上身可以是開鈕的襯衫或針織上衣，貼身是剪裁的重點，配合獨特的領口設計如「彼得潘式」（Peter Pan）、一字式船領、波浪形、小蝴

007

復古造型：以 Sweater Clip 點綴小外套，披在肩膀上也不怕掉下。以毛衣夾固定披在肩上的開胸小毛衣，是 50、60 年代辦公室女郎的時髦造型。

蝶結等細節，將上衣套在高腰裙子內（Tuck-in），既承接了古典風格的曲線美，同時展現小家碧玉的溫柔。另外，同款 Cardigan 加針織上衣的 Twin Set / Sweater Set 配搭亦非常時髦；而毛衣夾（Sweater Clip）成為配襯小外套時的最佳裝飾。

説到當年最獨當一面的小圓裙設計就不能錯過可愛的「Poddle Skirt」（貴婦狗裙）！所謂的貴婦狗裙是以一種寬幅的毛氈布（Felt）製成的裙子，再以貼花（appliqué）或刺繡點綴。當年最受歡迎就是人見人愛的貴婦狗裝飾。

Poddle Skirt 成功背後是一個勵志故事。設計者 Juli Charlot 在戰前是一位美國歌手和演員，戰後決定隱退專心照顧家庭。可惜好景不常，在她 25 歲那年，丈夫失掉工作，Charlot 連一件到洛杉磯參加聖誕派對的合適衣服也無法負擔。一直愛好時裝的她具有獨到的時尚觸覺，但缺乏造衣服的實際技能。不懂縫製的她只好硬着頭皮自製一條小圓裙。她

009

008

左 現代時裝也不時「復古」經典 Poddle Skirt。

右 50 年代的海邊假期是炫耀最新時裝的好機會。一副太陽眼鏡、一個小藤籃，每個人都美得像時裝雜誌上的模特兒。

聰明地採用非常寬闊的毛氈布，簡單地在布中央切出一個圓形洞作腰圍，在沒有任何接縫下就造出一條完整的 Swing Skirt，並在上面縫上聖誕樹等裝飾。這個設計在派對大受好評，一個星期後，她更利用賣掉裙子的收入去設計學校正式學習縫紉。隨着此設計在少女市場的成功，她更開設了自家廠房，開拓其時裝系列。儘管裙子上採用了許多不同的貼花設計，但最受歡迎的還是這貴婦小狗圖案，至今仍有不少復古設計仿效，成為 50 年代的經典。

到了 50 年代中期，在廣泛推廣下聚酯纖維（Polyester）成為最時髦的物料。它不容易被污漬染色和不易皺的優點為家庭主婦帶來一大喜訊。在 1960 年代的時尚雜誌中，不乏 Polyester 布料的廣告。這些用 Polyester 製成的傘裙輕巧不易皺。模特兒穿上漂亮的時裝，將上衣束在高腰裙內，更能凸顯纖細的腰肢。

010

011

012

013

左上　打理家務時在衣服外面套上一件精緻的圍裙，沉悶的工作也變得賞心悅目。

左下　50 年代初的造型還帶着上個十年的強烈「結構感」，後來線條逐漸變得圓滑。步入冬天，貴婦們投入繭形大衣和斗篷的懷抱，女生則紛紛換上修腰闊擺的 Swing / Princess Coat，配合鉛筆裙穿着時看起來非常優美。

右　在現代社會已很難找到這種設計用心、可「入得廚房，出得廳堂」的圍裙。

即使只是在打理日常家務時，婦女們也會穿着優美的小圓裙。不過物料就會用上比較便宜的印花棉布，外面套上一件精緻的圍裙，原意是保持服飾清潔，不過這些設計別具特色的圍裙更像一件時尚單品——以前的東西就是如此設計與實用並重。

仔細一看，沙漏輪廓從 40 年代尾至 50 年代中期其實一直在演變：New Look 推出初期，肩線寬闊明確，整個造型以「Structural」（結構感）的形式出現，延續戰時的線條面貌。隨着時間推進，沙漏輪廓擺脱硬朗的線條，肩線不但移至自然位置，而且變得柔和圓滑，充滿小鳥依人的女性味道。

英國著名 Costume Designer 兼時裝歷史作者 John Peacock 在其著作 *The 1950s (Fashion Sourcebooks)* 中形容：

> *…from the comparatively early days of the 'New Look,' when the square shoulders and masculine details of the 1940s still lingered, through the ultra-feminine and luxurious styles of the mid-1950s – clothes with gently softened shoulder lines, tiny corseted waists, roundly padded hips and long, swirling skirts only eleven inches above the ground.*

+ 時裝輪廓的戲劇性改變

50 年代最令人着迷之處是時裝界百花齊放的氣息。

厭倦了沙漏形態的 Dior 先生在 1954 年推出「H-Line」系列。「H-Line」意指服飾的形態像英文字母「H」那樣，在筆直的輪廓中低調顯示腰部線條，拉平胸部，強調修長的雙腿，姿態如芭蕾舞者般優雅迷人。時髦女生紛紛穿上「Sheath Dress」（一種合身的簡約連衣裙）跟上這個潮流，以直線盡顯女性化且苗條的一面。不少女生更選擇包得緊緊的鉛筆裙（Pencil / Wiggle skirt）展現另一面的 H-line 性感。後來，Dior 先生再先後推出 A-Line 和 Y-Line 的設計。

014

50 年代中後期的時裝雜誌，模特兒幾乎全在展示筆直苗條的 H-Line 形態。

到了 50 年代後期，Chanel、Dior 和 Balenciaga 更大約在同一時間推出直筒西服（Twin Suit），擺脱沙漏形態，再次強調女性的自然輪廓。

蔚然成風的街頭時裝攝影成功將這迷人輪廓定格。在攝影大師 Norman Parkinson、Henry Clarke，到後來的 David Bailey 的鏡頭下，模特兒展現出令人無法抗拒的魅力。

被譽為時裝界天才的西班牙設計師 Cristóbal Balenciaga 一直致力發掘身體與服裝的革新關係，在 50 年代的十年間推出多款獨特的設計，例如像氣球般的 Balloon Dress，與引起全城爭議的「麻袋連衣裙」（英文稱為 Sack 或 Chemise Dress），與 New Look 形成鮮明對比。這種線條欠奉的設計更被視為 60 年代迷你裙的前身。他以立體量裁的方式巧手製作出一件又一件如鮮花盛放般迷人的精緻晚裝，這種高調的優雅，成功俘虜歷代時裝迷。

1972 年 Cristóbal Balenciaga 心臟病發離世，地位崇高的「時尚教主」黛安娜 · 佛里蘭（Diana Vreeland） 就如此描述他：

"Balenciaga gave the world fashion. He was the beginning of everything, everything that is news — forever. Mention anything, raincoats, black stockings, the most luxurious fashions in the world — great fabrics...the color, the color, good God, the color. I used to have my secretary sit next to me at the collections and take down his marvelous combinations of color. He gave the world fashion. He gave the femmes du monde clothes."

015

攝影大師Toni Frissell的作品（1951年）。在他的鏡頭下，模特兒Lisa Fonssagrives 穿上一套筆直的套裝，肩線自然，反而強調了纖細的腰肢。

+ 叛逆與個性的褲裝

愈趨接近60年代，人們開始愈來愈講求個性，更透過時裝展現叛逆一面。她們穿起煙管褲（Cigarette Pants）、超短熱褲甚至比堅尼泳裝，盡情展現美好的身材。

50年代的女性時尚不僅只是嫵媚的裙子，貼身褲子和牛仔褲亦成為新趨勢。40年代的闊腳高腰褲雖然還在流行，不過性感的煙管褲在逐步主導女性褲子市場。這種緊貼臀部和腿部線條，長至腳踝上方的褲子，盡顯女性線條。穿上貼身褲後，每位女生都希望自己迷人得像瑪麗蓮．夢露。在畫報女郎和荷李活明星的帶領下，超短熱褲常見於不同媒體中。不過，在現實中的平民女生為保持端莊形象，大都穿着剛好高於膝蓋的短褲。

016

婀娜多姿的葫蘆形體態是50年代的經典。

017

煙管褲緊貼臀部和腿部線條，拉長了整體的視覺效果，
突顯了婀娜的女性線條。素色的衣物與飾品互相配合，
更能顯出知性的一面。

50 年代的沙灘上，年輕女生們穿着最流行的「Romper」——一種渡假式的連衣超短褲，穿着時可選擇外面多配以一條同款的半截及膝裙子，以保持體面，形成 50 年代獨一無二的青春景象。

在海灘上，被稱為「性感小貓」的法國電影女星 Brigitte Bardot 在 1952 年穿着比堅尼出演首部電影《穿比堅尼的姑娘》（*The Girl in the Bikini*），一舉奠定自己性感女神的地位，更令比堅尼迅速流行起來。

沙漏身形與子彈胸圍

50 年代初期的理想體態大概就是瑪麗蓮．夢露（Marilyn Monroe）般的曲線比例——35，22，35 的標準沙漏形。在《花花公子》雜誌（*Playboy*）和芭比娃娃（Barbie）的推廣下，這種沙漏輪廓成為時下女性們的理想身形。

年輕女生穿起子彈胸罩（Bullet Bra / Conical Bra），以這種雪糕筒形的胸罩表現胸部堅實挺拔，豐滿迷人的感覺，配合超緊身的針織上衣，更突出黃蜂腰和豐滿的胸部。

這種 40 年代後期發明的胸罩，在 50 年代由 Sweater Girl 帶領潮流。

性感女神瑪麗蓮．夢露絕對是 50 年代 Sweater Girl 的代表人物。

現實中，經歷過二戰時的營養不足，這個年代的歐洲年輕女生大都是非常纖瘦的。永恆優雅的代表柯德莉夏萍（Audrey Hepburn）當時的腰圍就只有 20 英吋，加上平坦的胸部，她的身形看來就像一個未發育的小女生。戰爭時代結束後，不少廣告更特意向體型纖瘦的女性推廣增重食品來改善曲線。

雖然飽歷滄桑，但美麗動人、時而調皮靈巧，時而典雅含蓄的柯德莉夏萍在 1953 年憑着電影《羅馬假期》（*Roman*

Holiday）大展光芒。她的成名令擁有像她這種纖瘦的體態的女生不再自卑。到了 50 年代中期，配合 Dior 的 H-Line 設計，柯德莉夏萍這種纖瘦的「芭蕾舞者」體型瞬間成為令人羨慕的新時尚。

018

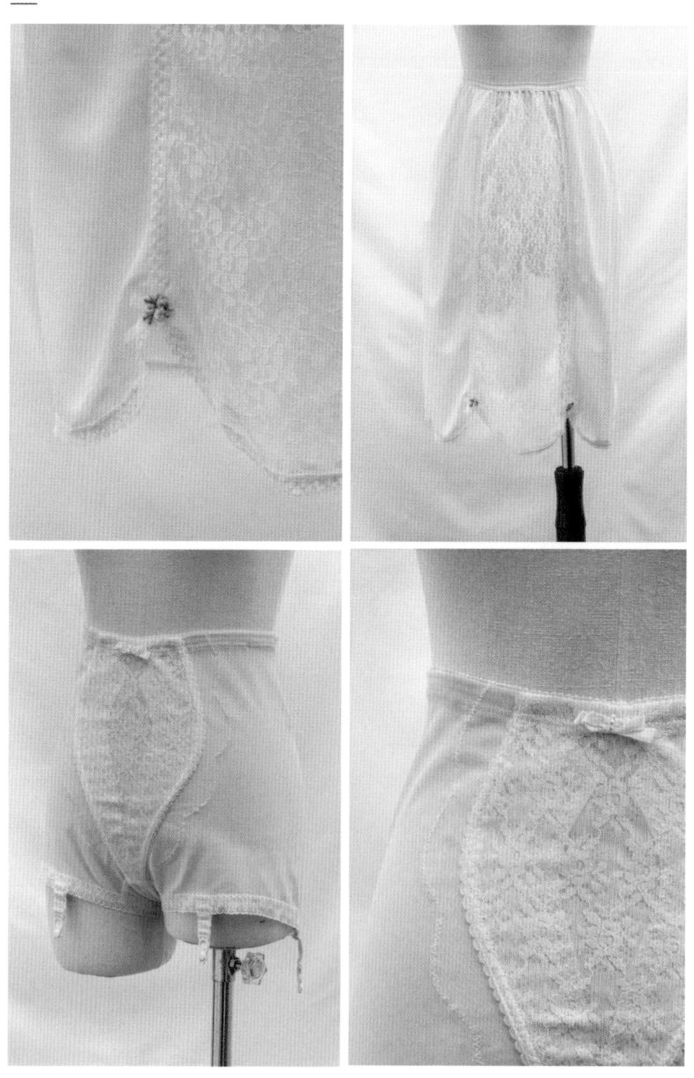

昔日的束褲和底裙設計也一絲不苟，以精緻的蕾絲和小花點綴。

019

020

021

左 50 年代的連衣子彈胸罩。

右上 化妝品在 50 年代扮演不可或缺的角色。

右下 從 1950 年 1 月 *Harper's Bazaar* 刊登的相片中可看到模特兒纖瘦的背影。

022

在墨西哥的電影海報上也能看到 Sweater Girls 的蹤影。

完整的優雅時尚

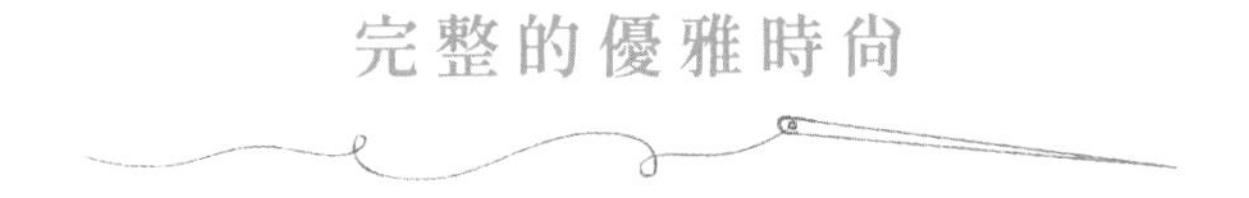

沒有任何一個時期能比 50 年代更優雅。

50 年代講求整體性，這意味一身正裝的打扮：配搭同色系的飾品，包括套裝首飾和手袋；臉上自然清雅的妝容；整齊無瑕的頭髮造型上是細緻的帽子。為了讓手套完美融入裝扮，當時的袖子長度通常到前臂中央，即所謂 3/4 袖。經歷過戰爭的貧缺，每位 50 年代的女生就在追求極致完美的態度下度過每一天。

時尚歷史學家 Gerda Buxbaum 在《時尚偶像：20 世紀》（*Icons of Fashion*）中寫道：

> *The long years of deprivation during World War II brought forth a yearning for luxury and fashionable things, and women made a special effort to dress appropriately for every occasion; it was considered imperative that one's accessories matched perfectly.*

023

024

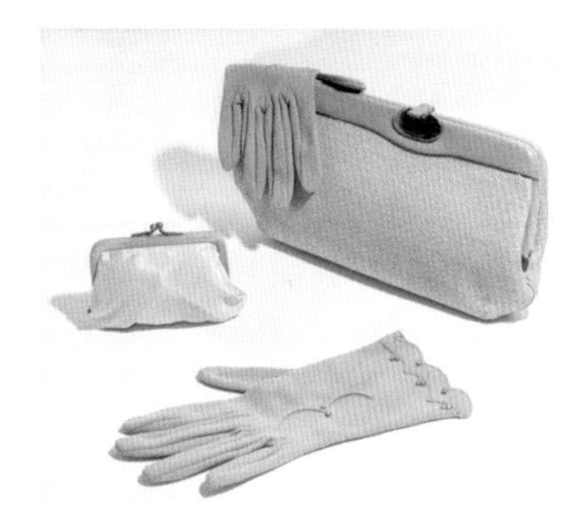

025

左　從登基至今，打扮優雅大方的伊利莎伯女王總是成為時尚雜誌的熱話。

右　年輕時的伊利莎伯女王打扮就如時裝雜誌的模特兒一樣。

下　高級百貨公司 Saks Fifth Avenue 出品的粉藍色手提包配合同色手套，塑造出 50 年代講求的整體性。

英國的伊利莎伯女王從登基至今，在這差不多 70 年間總是以完美的「Tone-on-Tone Style」加上帽子和手套出現人前，風雨不改地保留着 50 年代的優雅。

+ 優雅的圍巾

前著名影星兼摩洛哥公主葛麗絲·凱莉（Grace Kelly）經常以圍巾造型示人。結婚前，她喜歡將圍巾包裹在脖子上或綁在辮子上，看起來年輕而活潑。婚後，她常用圍巾包裹頭髮，在沿海地區也不致被風吹亂髮型，同時顯得溫柔而優雅。

026

一條優美的圍巾為素色的衣着帶來畫龍點睛的效果。

+ 純潔高貴的珍珠項鍊

珍珠項鍊是 50 年代不可或缺的飾品。

古今中外，珍珠是被視為純潔高貴的有機寶石。在上世紀五六十年代，珍珠鍊更成為尊貴女性的象徵。伊利莎伯女王經常配戴三串珠鍊作不同穿搭。英國電視劇 *The Crown* 中的女王在宮內日常打扮常以由小至大再由大至小排列的「漸進式」設計 Graduating pearls，低調地藏在企領襯衫下，像衣領上的配飾，尊貴得體；又或者在外訪期間，以相同的項鍊配襯圓領小禮裙，細緻迷人。

在地球的另一方，一直被視為時尚指標的美國第一夫人 Jacqueline Kennedy (Jackie) 亦在公開活動時經常戴上三串珠鍊示人，令此一度成為 60 年代的潮流單品。但別以為，第一夫人穿戴的必然是最珍貴的天然珍珠！相反，她選擇了在高級百貨公司 Bergdorf Goodman 只售 35 美元的仿製珍珠。有趣的是，在 1996 年的一個拍賣會上，這條 Jackie 生前曾配戴的仿珠鍊竟以天價 211,500 美元賣出，此項鍊如此價值連城，除了因為是 Jackie 的私人物品外，更吸引買家的大概是因為一張 1962 年 Jackie 手抱着的 Baby John-John 將此項鍊放入口中的經典相片了。

自從 Chanel 把黑色小禮服的沉悶形象徹底反轉後，「Little Black Dress」成為女生晚禮服的首選。她們穿上利用絲綢、塔夫綢、錦緞（damask）和天鵝絨等布料，有時亦會配襯珍珠項鍊，在晚宴上盡顯高貴一面。50 年代的晚裝以「Simple Elegance」為大前提，以俐落優雅的剪裁展示布料的矜貴。蕾絲、鈕扣、花邊等都被視為多餘的配飾。

027

Rosita Pearl 是英國著名的仿製珍珠品牌（1966 — 2002），讓愛美但不富裕的女生們也能一嚐優雅的打扮。

+ 性感撩人的小貓跟

隨着時代進步和社會逐漸富裕，戰時流行的軟木橡膠（Cork）船底鞋退出時裝舞台，取而代之的是迷人的幼細高跟鞋（Stiletto heels）。這種鞋履採用最新技術，於後跟中嵌入支撐金屬軸或金屬桿，因此沒有寬闊的鞋跟也能穩固地支撐身體的重量。這款 Stiletto heels 不但能塑造迷人長腿，更令女性在穿着緊身鉛筆裙時踏出的每一步都「Wiggle」一下，搖曳生姿。

據説由於這種高跟鞋對發育中的少女來説似乎不太適合，所以推出一種 1.5 — 1.75 英吋高的矮高跟鞋，這種細小的後跟，加上稍稍向內彎曲的鞋跟設計，穿上後走起路來有如小貓般踮起腳尖的感覺，故被稱為「小貓跟」（Kitten Heel）。在美國，有時更被稱為「練習高跟鞋」（trainer heels），讓年輕女生在正式穿着 Stiletto heels 前「練習」。Kitten heels 的時尚優雅，在名人界迅速蔓延，柯德莉夏萍更是其中一位最早穿着 Kitten Heels 的明星。到了 1960 年代初，Kitten Heels 更成功跨越年齡界限，深受各個年齡階層的女性喜愛。

028

029

左　一雙 60 年代的「小貓跟」鞋——女生在穿着時踏出的每一步都「Wiggle」一下，更顯婀娜多姿。

右　1950 – 60 年代意大利製作，色彩繽紛的高跟涼鞋。

+ 清新透薄的妝容

在 50 年代，清新淡雅的鄰家女孩式妝容大行其道。粉底液的出現造就更為輕薄自然的膚色。眼妝的重點落在眼線上，由眼頭延伸至眼尾並且微微上揚的極細眼線 Wing Effect 非常流行，Brigitte Bardot 也經常以貓眼妝示人。眼影則最多只是低調的啡色，以展現自然的明眸大眼為主。40 年代的眉峰效果再度消退，從頭至尾均一色的粗直眉成為 50 年代的代表。紅唇的色彩與臉頰的紅潤相配。

那時的化妝品設計也相當別出心裁：

030

約 50 年代，品牌 L'Oreal 推出一面鏡子作贈品，上面印有一位正在梳理頭髮的美女，妝容美麗自然。

031

1958 年的唇膏盒（Lipstick Container）
專利設計，內藏彈弓和鏡子。

032

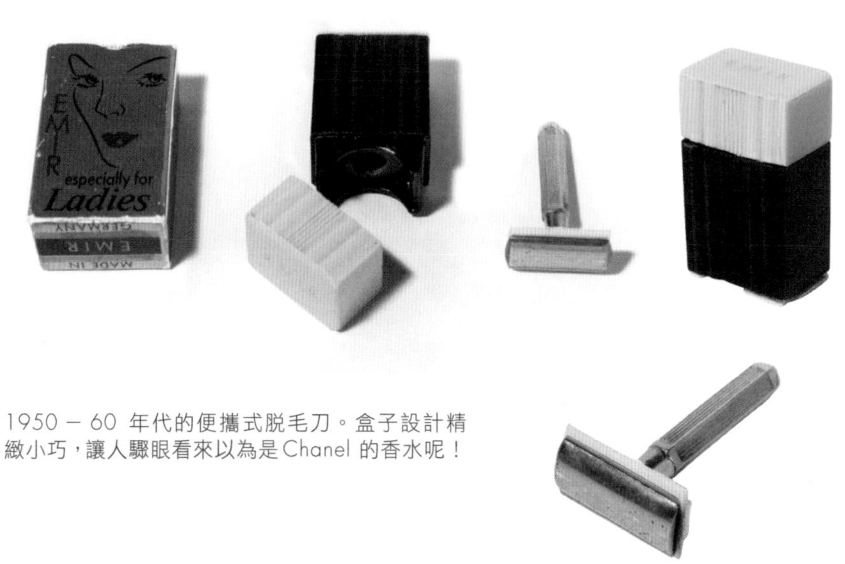

1950 – 60 年代的便攜式脫毛刀。盒子設計精緻小巧，讓人驟眼看來以為是Chanel 的香水呢！

+ 百變前衛的帽子

50 年代是帽子製造商的最後一個鼎盛時期。

在戰時 40 年代，女生們不但靠帽子這種小配飾為每天不斷重複且沉悶的衣着帶來生氣，且更能遮蓋沒有打理的頭髮。到了 50 年代，帽子跟首飾、手套、手袋和鞋一樣重要，因為時尚造型的整體性能反映出穿着者的社會地位。

在 60 年代帽子潮流消退前，這個時候的帽子設計絕對是多姿多彩！設計師不斷追求創新前衛的樣式，同時保留不少傳統的風格。在高級百貨公司裏，最新的時裝都是與匹配的帽子和手套一起出售，塑造完美的 Total Look。

不過，到了 60 年代蜂窩髮髻頭、假髮流行起來，對帽子的需求大減。隨着休閒時代降臨，手套和帽子這些華麗配飾慢慢被時代淘汰。如今，休閒帽子仍然流行，但由製帽師（Milliner）手工製作的優雅帽子似乎只會在一些特殊的活動或派對中看見。英國的皇家婚禮、英式的賽馬活動都是現代女性炫耀帽子的好場合。

033

034

上 伊利莎伯女王總是以最端莊的形象示人。1954 年出訪澳洲時，她戴上時尚的「半帽」配襯珍珠項鏈，優雅高貴。

下 50 年代的帽子是造型中不可或缺的一部分。圖為 50 年代的白色小禮裙和藍色帶網紗的藥丸帽。

Sun Hat（太陽帽）

用來保護頭部和頸部免受陽光照射的寬簷帽。

Cartwheel Style Hat（車輪帽）

低帽冠的寬邊帽子，通常是圓形像車輪的設計。

Mushroom Hat（蘑菇帽）

帽簷向下傾斜，類似蘑菇形狀的帽子。

Cloche Cap（鐘形帽）

從 20 年代的鐘形帽（Cloche Hat）演變而成的帽子。

Birdcage Veil（網紗罩）

一種像鳥籠形態的網紗帽子。

Half Hat（半帽）

一種 50 年代很常見的女裝帽子設計，這種半帽只覆蓋頭部的一部分，貼伏在耳朵上方。

Saucer Hat（碟形帽）

低帽冠的寬邊帽子，帽簷相對平坦，多以配襯 H-Line 造型，塑造出強烈對比。

Bucket style hat（桶形帽子）

像漁夫帽的設計，特色為擁有寬而向下傾斜的帽簷。

Pillbox（藥盒帽）

像盒子形的帽子，帽冠平坦且沒有帽邊緣。

時裝孕育出的職場機會

不少五六十年代深受女生歡迎的首飾 / 化妝品品牌如 Avon、Sarah Coventry、Tupperware 和 Mary Kay Cosmetics 等，看準戰後女性不甘心回歸當家庭主婦的心態，充滿營商智慧的創辦人毅然放棄傳統的百貨公司銷售形式，開拓一個招聘女性作為其直銷銷售代表的革新營運模式，給予一個讓人驕傲的職位頭銜——Fashion Director。

當時的婦女出門時定必配戴各式各樣的首飾，沒有一件時尚的寶石胸針或珍珠項鍊，就不能稱得上是完整的穿搭。Fashion Director 利用敏銳的時尚配搭技巧、流利的口才和強大的人際網絡，透過在家中舉行派對，向他人銷售潮流飾品和化妝品。愛美的女性可以照顧家庭同時賺取佣金，更可率先欣賞最新出品。這些品牌掌握了戰後女性對工作的慾望與需要，他們的成功可算是「時勢造英雄」。直至 80 年代，社會愈趨開放，女性面對更多不同的全職工種選擇，她們都一一離開這個 Fashion Director 的兼職事業。面對生意走下坡，不少品牌面臨結業的困境。

035

Avon 出品的鏡子鍊咀，精緻的設計加上「一物二用」的實用性，深受消費者歡迎。

突破優雅的前衛新時代

1960 — 1970

六十年代，Swinging London 的迷你裙震驚時裝界；
Twiggy 的瘦弱身軀加一雙大眼睛顛覆傳統審美觀；
人類登上月球的壯舉更造就出獨一無二的 Space Age 時尚。

001

Air Hostess Uniform 1970 Lollipop 004

航空公司 National Airways Corporation（NAC）的制服設計緊貼潮流，以鮮艷色彩配合「Moon Girl」輪廓，充滿 60 年代的時尚感。

60 年代是超越「現代」的繽紛世界，既瘋狂又前衛。

60 年代初由優雅女神 Audrey Hepburn 和 Jackie Kennedy 延續 50 年代的優雅形象（1960 – 1963）。數年後，Mary Quant 的超短迷你裙震撼倫敦，更一下子為世界帶來無數美腿。藝術界同時迎來新面貌，色彩對比強烈兼且通俗的 Pop Art（普普藝術）在紐約顛覆傳統。1964 – 1966 年各國的太空競賽和大量人造物料湧現產生「Space Age」的特色設計，岩士唐在 1969 年成功登陸月球後，時尚界以法式休閒作結（1967 – 1969）。

優雅年代的尾聲（1960－1963）

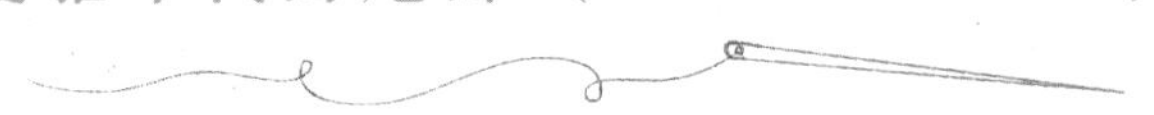

1961年，美國第一夫人Jacqueline Kennedy（Jackie）經常以簡潔得體的套裝造型示人，優雅大方，在短短兩年多的任期內不但得到全國內外的喜愛，更被捧為美國的時尚代表。不過，Jackie 一開始的時裝之路並不如想像中順暢。事實上，擁有法國血統兼熱愛法國文化的Jackie 不但在大學主修法國文學，她更熱愛法國時裝，Chanel、Balenciaga、Dior和Givenchy 全是她最愛的品牌。

不過，就職典禮當天最矚目的反而是Jackie頭上的藥丸帽子。

萬萬想不到，時裝這種個人選擇竟成為在甘迺迪（John F. Kennedy）競選期間被對手抹黑的材料。

當時 Jackie 花費於高級訂製時裝的賬單被公開，競爭對手共和黨尼克遜（Richard Nixon）的妻子 Pat Nixon 更藉此發表聲明宣稱自己穿着簡單的美國服裝已經相當足夠，特意攻擊 Jackie 在置裝上的超豪花費和暗示她不夠愛國。徬徨無助的 Jackie 立即向一代時裝傳奇 *Harper's Bazaar* 總編輯戴安娜．弗里蘭德（Diana Vreeland）求助。Jackie 表示：

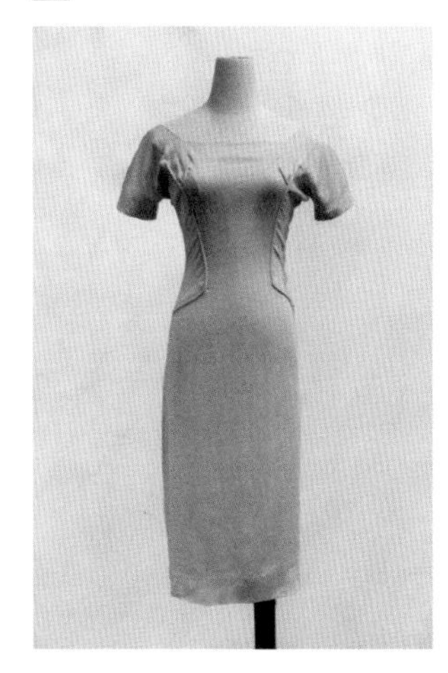

Oleg Cassini 的設計充滿簡約的法式情懷，以俐落剪裁塑造線條感，難怪與 Jackie Kennedy 一拍即合。

"I like terribly simple, covered-up clothes."

"I must start to buy American clothes and have it known where I buy them."

弗里蘭德將未來第一夫人帶到紐約的高級百貨公司 Bergdorf Goodman（順帶一説，這就是上個章節提及 Jackie 購買仿珍珠項鏈的地方）。可惜，那裏並沒有設計師能打動她的芳心。負責在整個競選活動中為 Jackie 提供服裝建議的弗里蘭德並沒有因此放棄。最終，Jackie 在拜訪 Kennedy 家族世交——剛冒起的時裝設計師 Oleg Cassini 後，奠定了這位新任美國第一夫人日後的造型。

Cassini 仔細參詳過 Jackie 最欣賞的法國設計師作品後，深深了解到 Jackie 口中經常提及的「Terribly simple」和「Covered-up」元素。他巧妙地將法式美學融入美國時裝，設計出一套又一套的時尚經典。難怪 Cassini 日後成為 Jackie Kennedy 的首席設計師。

003

004

上 優雅大方的 60 年代粉紅色 Twin Set 套裝。

下 具 MOD 設計風格的 Twin Set，充滿年輕活力。

005

006

左　Fashion Icon Jackie Kennedy 把藥丸帽「坐後」戴在後腦上，瞬間成為新潮流。（攝於 1962 年）

右　Jackie Kennedy 經常以簡潔得體的套裝造型示人。甘迺迪總統 1963 年遇刺的那天她所穿着粉紅色的 Chanel 套裝正正是美國高級時裝品牌 Chez Ninon「Line-for-line」的生產系列。（攝於 1962 年 4 月 12 日）

在就職典禮上，Cassini 為 Jackie 設計出一套 Twin Set，外層是配上兩顆大圓鈕扣的 A - Line 及膝絨外套，裏面是中袖圓領的修腰連衣裙，簡約大方同時展現年輕活力，更別具 60 年代的特色。

早前在 Bergdorf Goodman 搜羅服飾時，Jackie 意外地結識到製帽師 Halston（霍爾．斯頓），二人惺惺相惜。Halston 後來更常為 Jackie 訂製專屬帽子。在就職典禮上，Jackie 以經典的藥丸帽子輕輕座落在頭頂後方的位置，這種嶄新的戴法立即受到時裝界追捧，令藥丸帽子突然在 60 年代再次大受歡迎。

除了 Oleg Cassini 的設計外，Jackie 在丈夫 1963 年遇刺那天所穿着粉紅色的「Chanel 套裝」——1961 年秋冬系列的草莓粉紅色雙排扣設計，更因為全世界媒體的廣泛報道而成為另一焦點。但出乎意料地，Jackie 身上穿的那一套並不是真正的 Chanel Suit，而是美國高級時裝品牌 Chez Ninon「Line-for-line」的生產系列。「Line-for-line」的意思就是 Chez Ninon 購入法國和意大利高級訂製的設計藍本，利用與原裝設計相同的布料、飾邊和鈕扣，在美國本土製作出相似的外觀。這種合法的「抄襲」，不但能表明愛國心跡，價錢更只是原裝設計的十分之一，因此深受名媛歡迎。

縱使 Jackie 一直希望以出色的公僕身份而受到尊重，奮力擺脫花瓶的形象，不過她自身散發的低調優雅仍然迷倒眾生，她那永恆經典的造型更被命名為「Jackie O Fashion」。

同樣是 1961 年出品的電影《珠光寶氣》（*Breakfast at Tiffany's*）中，柯德莉夏萍一身 Hubert de Givenchy 珍珠黑色禮裙造型深入民心，令無數女性沉醉於高貴的晚裝和珠寶之中，但大家做夢也想不到，這種風格一瞬間就被另一時尚浪潮淹沒了。

008

左　Jackie Kennedy 一身粉藍色的造型低調優雅，她那永恆經典的造型更被命名為「Jackie O Fashion」。

右　Helmut Newton 的鏡頭下記錄了 60 年代的優雅。在下個十年，手套幾乎絕跡時裝界。

60 年代初期那些身材婀娜多姿的 Sweater Girl 終於脱下毛衣，放下手套和帽子，一律換上 A - line 直筒連衣裙（Shift Dress），由瑪麗蓮·夢露的曲線年代蛻變至超模 Twiggy 那種「雌雄同體」，像未發育的小女孩般纖瘦的體態。

整個世界對女性的審美標準一下子改變了。

"At sixteen, I was a funny, skinny little thing, all eyelashes and legs. And then, suddenly people told me it was gorgeous. I thought they had gone mad." ——Twiggy

年代小知識

戰後的精緻生活態度

面對過戰爭的醜陋與苦澀，設計界在戰後的 20 年間推出古典優雅的精品，以華麗視覺效果教人忘卻過去。不論梳妝枱還是餐桌上，一切都美得如維多利亞時代的貴族家居。

009

圖上 設計像梳妝枱上的精緻小物（Dressing Table Set），實際上是用來放糖、鹽和胡椒粉的餐桌組合。

圖中 精緻無比的小糖罐（Sugar bowl）。

圖右 設計像餐桌上裝橄欖油的水晶小瓶子，反而是用來放香水的。

搖擺倫敦—— Swinging London

踏入 1964 年，倫敦終於「超巴趕紐」（巴黎和紐約）成為最「hip」的時尚之都。

時裝和文化的重心一下子從巴黎轉移到倫敦，大家都聽着披頭四樂隊的音樂，穿着 Mary Quant 的迷你裙，模仿着 Twiggy 的大眼短髮妝容，度過許多瘋狂輕快的派對。1966 年 4 月 15 日，《時代雜誌》更以倫敦「The Swinging City」作封面，奠定倫敦在 60 年代的影響力。縱然根據時序來說，60 年代時裝分成三種截然不同的風格，但只有「摩德文化」（Modernism，簡稱 MOD）形象深深烙印在大眾心中，成為 60 年代的經典 。

010

60 年代幾何線條當道，而且沒有色彩限制，是一個非常有趣的時期。

早期的 Baby Boomers（即嬰兒潮時期出生的人，約 1946 – 1964 年間）慢慢長大成人，加上英國經濟從第二次世界大戰後的蕭條復甦起來，他們渴望打破傳統，不想重蹈覆轍父母的生活。在倫敦的年輕人率領一連串強調創新和現代的改革，這種社會運動稱為「Swinging London」（Swing 當時的意思可解作 hip 或 fashionable）。

年輕勢力日益壯大，時裝世界經歷一個翻天覆地的改變，也為現代時裝定下重要的里程碑。

昔日的傳統時裝業都是為具社會地位的精英和淑女而設，因此風格都是

011

「Youthquake」—— 60 年代是年輕人的天下。少女們以隨心所欲的打扮展現叛逆的一面。

優雅高貴，以展現社會地位。到了 60 年代，在歐洲和美國都有接近一半的人口是 25 歲以下，如此龐大的數量令時裝鉅頭首次意識到不能忽視年輕市場的發展潛力。以需求主導的時裝界立即轉型，新推出的設計都以青春、休閒和簡約為前提去吸引年輕客戶。這種前所未有的力量在西方社會被稱為「Youthquake」。

一下子，守舊的社會興奮地擁抱創新。在大量人造物料如 Vinyl（仿皮）、Polyester 的湧現下，人們追求「吸引眼球」的誇張設計、生產快速的新事物，而非計較物件本身的質量。年輕人不再像上一輩，花費在傳統百貨公司精緻昂貴的設計師品牌上；相反，他們會到不同店舖搜羅相對粗糙的最新玩意 。

正如 60 年代的著名英國時裝設計師 Mary Quant 所說：

"We wanted to increase the availability of fun for everyone. We felt that expensive things were almost immoral and the New Look was totally irrelevant to us."

012

1969 年 Mary Quant 在時裝發佈會上推出「Diabolo」超短迷你裙（Micro mini skirt）。

"It wasn't me or Courrèges who invented the miniskirt anyway——it was the girls in the street who did it."

與其將設計迷你裙（Mini skirt）的榮譽落在一個人身上，那倒不如說 Mini skirt 根本就是一股由年輕女生帶起的潮流。當 Mary Quant 在其國王路（King's Road）的時裝店工作時，發現街上女生的裙子愈來愈短，她靈感一觸，索性把裙長提高到膝蓋上方幾英吋，更以她最喜歡的汽車 Mini Copper 命名這設計——Mini Skirt。

這種短至膝上 7 英吋的迷你裙不但成為最時髦的產物，更被視為表現「女性自由」的一大標誌，裙子的長度更能被解作為擁有多少自信，裙子愈短的女生愈具自信。

當人們不再以沙漏型身材為美，反而將腰線刻意降低，熱烈追捧淡化曲線的 A 字裙，有意模糊性別之間的界限。這聽起來有點似曾相識吧？還記得近代時裝歷史中，上一次推廣非修身剪裁是哪個年代嗎？就是 100 年前女性追求平等投票權的 20 年代。事實上，20 與 60 年代的女性時裝的確擁有相似特質：裙子和頭髮戲劇性地縮短、刻意隱藏女性曲線以及主張簡約的線條圖案。這種突破傳統時裝框架的潮流正正反映出當時的社會狀態。60 年代的時裝可謂是體現女權主義的重要手段。

"I want to continue to try and break the barrier between male and female."——Twiggy

013

014

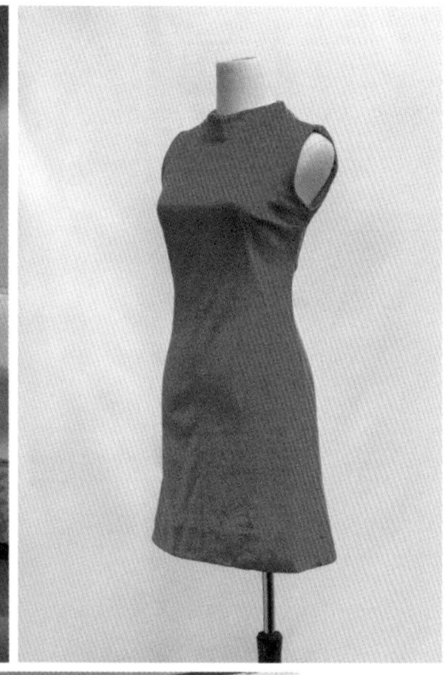

015

左　這個年代的女性不論年紀一律換上 A - Line 直筒連衣短裙（Shift Dress）。（攝於 1970 年）

右　60 年代的桃紅色企領迷你裙，非常具標誌性。

下　短髮大眼、一條迷你裙加一雙 Mary Jane，這就是經典的 60 年代 Twiggy Look。

在整個 60 年代，女權意識高漲，她們奮力爭取性別工作平權，追求自由。在 1968 年一場抵制選美的遊行期間部分女生更高調地丟棄高跟鞋、唇膏和胸圍這一些「定義女性」的物件。她們更穿上男裝，展開女權革命。

聖羅蘭（Yves Saint Laurent，YSL）的傳奇設計 「黑色香煙裝」（Le Smoking）就是在這樣的時代背景下誕生。1966 年，聖羅蘭推出的 Le Smoking 套裝以黑色西裝外套內搭白色襯衫，加上一雙直腳西裝褲，展現出一種跨越時代的剛柔並重。1975 年，時尚攝影大師 Helmut Newton 的鏡頭細膩地刻劃出 Le Smoking 強而有力的女性輪廓：穿上 Le Smoking 的模特兒在巴黎的後巷點起香煙，在昏暗的燈光映照下，一手插在褲袋，一手提着香煙，這種神秘的魅力盡在不言中。

聖羅蘭將此得意之作名為「Le Smoking」。「Smoking」這詞源自傳統上流社會男士穿着的「Smoking Jacket」。在舊時代，具社會地位的男士在正式晚餐時都會穿上燕尾服（Tuxedo），餐後則換上這款無尾的「Smoking Jacket」一邊抽煙，一邊聚在一起高談闊論。因此，Le Smoking 代表着的不僅僅是一套衣服，而是追求男女平等的標誌，這更引起了女權主義支持者的狂熱追捧。

時裝是大膽的實驗
（Space Age Era，1964 — 1966）

各國的太空競賽下也為時裝界帶來新氣象。法國的設計師 André Courrèges 以科幻玩味的「Moon girl」設計贏得了年度「Space Age Designer」的稱號。他創造出的「月球女生」都是穿着膝上短裙配白色 Go-go Boots，戴上有趣的帽子，以明亮的黑白色和明確線條建構出硬朗的輪廓。他更以塑膠、鏡子，甚至紙等不常用的物料去展示前所未見的「前衛太空感」，一切都是出自別出心裁的創意。

016

不但國際間有「太空競賽」，連各國的航空公司也為制服注入時尚元素，進行「航空競賽」。

1960年代美蘇兩國的太空競賽，不但全球眾議紛紛，追求新鮮的時裝界也產生對未來衣着的無限幻想。這個時候，環繞太空的科幻題材的小説和電影門庭若市，電視劇《星際迷航》（*Star Trek*）播出後，社會更瀰漫着一片迷戀太空的氣氛。也許是冷戰後的恐懼感，也許是全球政治經濟的不穩定，令大家如此熱衷於探索一個更好的未來。

1965年4月 *Harper's Bazaar* 刊登了由攝影大師 Richard Avedon 拍攝一系列以 Space Age 為主題的照片，穿上太空衣的模特兒雙眼在氧氣罩內閃亮着驚嘆。這種「太空探索」的精神促發了一種嶄新的時尚哲學。時裝設計大師如 Pierre Cardin 從雕刻與建築的角度建構時裝，為 Space Age 設計注入立體感及幾何學，創作出前衛的筆挺輪廓。1968年，他為科幻電影 *Barbarella* 設計戲服時，就採用了工業用的 PVC 樹脂和金屬物料，性感又神秘，成功創造出抽離現實的未來感。

在未來主義的影響下，金屬色成為60年代中期的大熱色彩，代表着科幻和太空：銀色、青銅色、外星人的綠色、火箭飛船的紅色……設計師以科幻主義的色彩推翻昔日的華麗時裝風格，成為60年代的一大突破。能把太空人送到外太空，60年代注定是顛覆、突破的時代，開展一場場時尚的新奇實驗。整個60年代都充滿前所未有的刺激感。

+ Pop Art

50年代創作出的 Pop Art（普普或通俗藝術），到了60年代開始大放異彩。Andy Warhol、Jasper Johns 這些家喻戶曉的名字更將 Pop Art 推至高峰。這個藝術運動在於利用大眾文化主題，例如廣告和漫畫等通俗作品，創作出的當代藝術品，以反抗權威文化和挑戰傳統美術。Pop

Art 不但成為 60 年代最具影響力的藝術，更成為時裝設計師的靈感。他們利用對比強烈的色彩、金寶湯罐，甚至報紙圖案印刷在布料上，更以色調明亮的短裙配襯撞色長襪。到 1967 年左右，迷幻的線條、漩渦和腰果花圖案在嬉皮文化入侵下繼續色彩斑斕地展現在時裝上。在這個主張浮誇的年代，女生再配襯一雙碩大且鮮艷的塑膠飾物也不會「too much」。

時尚小知識

60 年代是塑膠製品的天下。50 年代那種高貴珍珠效果的 Lucite 在這個年代已被糖果色彩的塑膠取替。這個年代亦流行以小顆膠珠串成的首飾，而當年的香港、日本和西德都是盛產這種「串膠珠」耳環的地方。

017

印上「Made in West Germany」的串珠耳環。

018

糖果般的大圓耳環。

多得 Pop Art 和人造物料的出現，過去數十年來所謂「老女人」才會穿靴子的情況終於得到扭轉。以前的靴子總是低跟加腳踝的高度，設計稍為笨重老土，除了冬天能保暖外，也沒有時尚的用途，所以愛美的年輕女生寧願捱冷也不穿着這種靴子。幸好，設計師加入 Pop Art 的鮮艷原色元素，配合 PVC 的柔韌性和明亮光澤，輕易製造出時尚的高筒靴子——稱為「Go-go Boots」，風靡 60 年代。

019

020

左　愛美的年輕女生都穿上以 PVC 製造的時髦「Go-go Boots」（左）。

右　青綠這種「大膽」色調在 60 年代也非常受歡迎。

超模 Twiggy 的一雙大眼睛、像男孩子般的精靈短髮，身上穿着粉色像娃娃般的直筒連衣裙……這個形象受到年輕人的追捧，全因 60 年代發生的一連串事件，令他們產生逃離主義。

年輕人討厭戰爭，他們痛恨上一輩自 1955 年起持續與越南的戰爭；他們崇尚自由，社會中的種族仇恨令他們吃不消；甘迺迪總統和馬丁．路德．金（Martin Luther King）前後遇刺，社會一片惶恐不安。他們的潛意識中，希望透過模仿孩子的打扮過程中，尋求回歸兒時生活的無憂無慮。

021

022

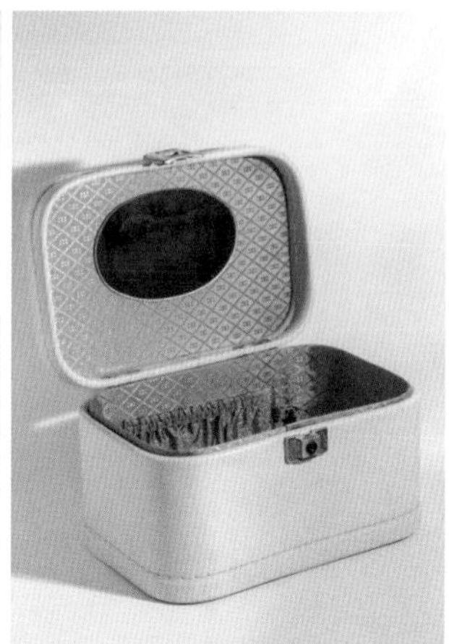

左二　人造物料為 60 年代的手袋注入前所未有的新鮮感！配襯圓筒形的小手袋更能彰顯 A-line 迷你裙的線條感。

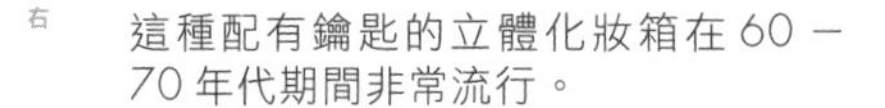

右　這種配有鑰匙的立體化妝箱在 60 – 70 年代期間非常流行。

+ 大膽的創新妝容

60 年代的妝容變化多端，Twiggy 妝、Pop Art 妝甚至太空妝，一切誇張的妝容超乎過去的想像。女生們毫不吝嗇創意，大膽地把自信投放在面容上。

眼妝史無前例地誇張，女生不但畫上粗長上揚的貓眼眼線，更以假睫毛加粗黑下眼線塑造濃密的洋娃娃大眼。不少女生更仿效 Twiggy 的獨特眼妝，在眼窩畫上一條粗黑線，加強深邃的眼窩效果，雙眼看來像無辜的小孩。唇妝顏色更是斑駁陸離：裸色、粉色甚至到充滿太空感的銀白色都大受歡迎。富有冒險精神的女生更索性把面孔變成畫紙，填上一層又一層顏色的彩繪（Face paint），非常生動有趣，而加上閃爍的金粉更顯「Funky」。在沒有界限的時裝界，唯獨是經典的紅唇顯得落伍，不夠創新。

迷你裙的出現，令女生要時刻照料雙腿的狀態。知名護膚品牌 Estee Lauder 更推出一系列的「腿部化妝品」。

+ 丟掉帽子，解放頭髮

60 年代的瘋狂歲月豈能錯過有趣的 Beehive 和 Bouffant 髮型。

60 年代中期起，Pin up 式的鬈髮造型不再流行，帽子大勢已去，在平日的活動中完全失去蹤影。Twiggy 的招牌小男孩貼服短髮、Mary Quant 的厚重瀏海 Bob 頭、雪兒的瀏海長直髮、Brigitte Bardot 蓬亂得性感的 Beehive 蜂窩髮髻，都是女生髮型的潮流指標。

不過，要塑造這種蓬鬆的髮型造型非常費時，而且這些活潑的年輕女生貪婪地想全部擁有當下最流行的長及短髮造型，因此她們開始戴上假髮，這樣子便可每天改變造型。著名美國服裝設計師 Lilly Dache 甚至擁有一整個衣櫃收藏滿滿的假髮，好讓她配襯衣服。

蜂窩頭（Beehive）是一種把頭髮束起並往後梳，在頭頂盤成一個圓拱形的造型。想塑造整齊優雅的 Beehive 上班，可以參考柯德莉夏萍，要蓬亂性感就仿效 Brigitte Bardot。

Bouffant 蓬鬆頭也是蜂窩頭的髮型，兩者雖然同樣在頭頂梳出拱形，不過 Bouffant 頭會故意梳得稍為凌亂，四周垂下微曲的

023

由沙宣先生為 Mary Quant 打造的 BOB 頭造型。她穿上自家設計的迷你裙和 Go-go Boots，實踐當時最前衛的「IT look」。

024

60 年代的復古造型不能缺少一個整齊的蜂窩頭。

髮絲遮蓋耳朵和臉龐的兩側，就如高貴大方的 Jackie Kennedy。

Bouffant 蓬鬆頭在 Jackie Kennedy 的帶動下，一時間成為美髮界的寵兒。隨着時間前進，蓬鬆感一直向上發展，幾乎進入一種「鬥高」的競賽。如 Priscilla Presley 在下嫁貓王 Elvis Presley 的當天，亦毫不留情地把頭髮推高，將經典的 60 年代風格提升到了新的極限高度。有傳言貓王其中一名兄弟笑稱：

"She looked like she had about eight people living in her hair."

不想花時間整理頭髮的女生便索性把頭髮剪成 Twiggy 的「Pixie Cut」。

025

左　Jackie Kennedy 把頭髮吹鬆，塑造出一個充滿空氣感的低調蓬鬆頭。

右　不少女性為塑造一個誇張的圓拱頂，不惜工本地加入大量假髮或噴上大量髮膠。圖中的空中服務員便是一個很好的示範。

同時，到了 60 年代的尾聲，彷彿穿迷你裙的女孩終於長大，風格又漸向女性化靠攏。她們嘗試更顯苗條修長的打扮，不過又保留一點少女的任性，喜歡配戴金屬戒指或流蘇飾品，漸漸拉開了 70 年代初波希米亞民族風的序幕。

時尚絮語

Hermes 的繆思女神

就算不認識 Jane Birkin，你也一定聽過 80 年代推出的 Birkin Bag（柏金包）。這位身兼演員和歌手的女星憑着電影《春光乍現》（*Blow-Up*，1966）中的演出一炮而紅。1946 年在倫敦出生和長大的她卻一直被視為法式時尚品味的始祖。

"Everything I wear doesn't put me in the league of women. If I were a boy, I could look a lot prettier than a lot of boys I know." ——Jane Birkin

027

除了 Birkin Bag，Jane Birkin 的標誌就是提着一個大藤籃的休閒風。

Jane Birkin 私底下最愛的打扮就是一件簡單的白色上衣加一條喇叭牛仔褲，再加上一頭隨意披散的秀髮，這種漫不經心的造型發放迷人自信的「Effortless Chic」。雖然這個造型在今天看來平凡不過，但以 60 年代來說她簡直就是休閒服的先驅，非常前衛。時至今天，法國 IT girl Jeanne Damas，甚至名模 Alexa Chung 等，她們的「法式」造型其實就是 Jane Birkin 的翻版。

除了 Birkin Bag，Jane Birkin 的標誌就是提着一個大藤籃。她這個造型不但沒有鄉土味，還更富有時尚的渡假情調。這種自然不造作的美不但吸引了當時法國音樂才子 Serge Gainsbourg，更讓她成為 Hermes（愛馬仕）的靈感繆思，特意為她創造出 「度身訂製」的 Birkin Bag。

無拘無束的自由時尚

1970 — 1980

面對石油危機和殘酷的越戰，
嬉皮文化滲透各界絕對是有跡可尋。
Boho Hippie 穿着腰果花襯衫和喇叭褲，
舉着標語，在街上宣揚愛與和平。

001

連航空公司的制服也完美展示 70 年代時裝的百花齊放：A-line 短裙和製造層次感的長袖上衣配外加背心，褲子也在這個十年成為空姐制服。（1975 年 the National Airways Corporation (NAC) 的制服）

70 年代的時裝是叛逆、是浪漫、是毫不保留地表達個性的手段。

每個人口中都説着自由、Love & Peace，他們隨心所欲，一邊吸着大麻、一邊聽着次文化的音樂。時裝百花齊放，店舖的櫥窗展示着各式各樣的服飾，從 Mini Skirt（迷你裙）到 Granny Dress（祖母長裙）、超短熱褲到喇叭褲、像制服的連衣褲到閃亮的 Disco Dress……包羅萬有，任君選擇。Disco 熱潮方興未艾的同時，「Less is more」 進入時裝世界。

70 年代初的時裝延續 MOD 的潮流，依舊帶 MOD 的強烈線條感。

反而，昔日的優雅輪廓失落在時代巨輪下。

「自由」可說是 70 年代的基因，例如女性主義者的聲音進入主流、龐克（Punk）音樂文化的冒起……保守陳舊的思想漸漸瓦解，人們自然也不願拘束於古板的穿搭。照片裏的男男女女，許多都穿着色彩誇張的高腰喇叭褲，加上一雙鬆糕鞋尤其傳神。女生的打扮更越來越自我，時裝雜誌教導她們多穿彩色的針織衣服、披上斗篷，再配上五顏六色的頭巾，高調張揚的程度達到前所未有的巔峰。

有人批評 70 年代的時裝沒有任何風格和標準可言，可是這種雜亂無章、標奇立異的 70 年代特色，正正反映出此時的自由主義和無止盡的創造力，令人深陷這個時代的瘋狂魅力而不自知。

70 年代的時裝百花爭艷，要細數每件潮流單品，恐怕一萬字也解釋不完。讓我們一起回顧當年的重要造型。

反戰、追求自由的女生化身嬉皮士、穿上喇叭褲、麂皮背心、流蘇掛飾、腰果花圖案頭巾，叫着愛與和平的口號。

嬉皮風這個在 60 年代末開始興起的次文化，成為嚮往和平的新一代以逃離現實的「隨意門」。到了 70 年代，嬉皮文化蔚然成風，諷刺地成為主流時尚趨勢。

儘管嬉皮士予人不理世事、不問政治的形象，但事實是剛剛相反的。面對 1970 年代石油危機和連綿不絕的戰火，他們經常組織遊行，響亮地向社會提出質疑的聲音。

003

004

005

上　「愛與和平」的口號常見於 60 年代末至 70 年代，圖中是約翰・連儂（John Lennon）與太太小野洋子（Yoko Ono）在阿姆斯特丹度蜜月的照片，玻璃上出現「Peace」的字眼。（攝於 1969 年阿姆斯特丹希爾頓酒店）

左下　70 年代初的出品還不時用上富 60 年代特色的花朵圖案。

右下　70 年代嬉皮士的復古造型：一件喇叭袖「農民」上衣加一條喇叭褲，入型入格。

006

1978 年 10 月在澳洲悉尼的遊行，可以見到相中的女生都全穿上褲子。

為了展現自由不羈的靈魂，他們終日流連在草地組樂隊、吸食大麻，以紮染的色彩、羽毛、串珠、皮革和木頭等飾物左披右掛，以展示熱愛大自然的本性。他們提出反對越戰、核武器的訴求，高調挑戰權威與大型企業；又提倡環保，抗拒物質主義，於是紛紛從爺爺奶奶的衣櫥找出舊衣服，再自行拼湊出新的風格。這也是二手衣服在時裝界抬頭的時間，這種「Vintage」形象開始淡化過往二手衣服與「貧窮」的聯繫，成為年輕人追棒的新潮流。這種造型藏着波希米亞風格的基因。

+ 民族色彩

在 70 年代，「Bohemian」跟「Hippies」這兩個名稱經常交替使用，現代人更乾脆把那種獨特的造型命名為「波希米亞嬉皮士」（Boho Hippie 或 Boho Chic）。事實上，Bohemian 跟 Hippies 的出處和特質都截然不同。與波希米亞的純美學主義不同，嬉皮文化不止是一種時尚，它更包含更深層次的政治理念。

據説，波希米亞是始於法國大革命後的時裝風格，當時藝術家陷入貧困，他們穿着破舊的過時衣服，過着游牧民族般的生活。他們透過個人打扮和生活方式表達風格，令自己也活得像一件藝術品。到了 20 世

007 008 009 010

上二 70 年代的「波希米亞嬉皮」服飾採用色彩豐富的花卉和腰果花圖案吸引眼球。

左下 一張 1974 年的舊相片， 即使不是嬉皮士的香港女生也穿起時尚的 Maxi/Granny Dress。

右下 這種闊袖加束腰的 70 年代設計令筆者聯想起愛德華時代造型。

紀初，早前介紹過的時裝設計師波雷特（Paul Poiret）和推動 Arts & Crafts Movement 的紡織品藝術家 William Morris 都把具民族色彩的波希米亞風格投入設計中，例如色彩豐富的花卉、腰果花和漩渦圖案等，成為一種嶄新的時尚風格。

到了 60 年代，波希米亞風格得到新的詮釋。當嬉皮運動反對傳統生活方式時，支持者再次擁抱民族服飾、紮染布料、以刺繡、混合印花和流蘇等元素表現拒絕順從主流的價值觀，穿着二手的陳舊服裝抵制唯物主義。她們穿上像麻包袋般寬鬆的衣服，輕巧舒適的布料造就出自由流動的奔放。對穿搭講究一點的，更會穿上喇叭形手袖和褲形的新時尚。這樣以波希米亞風情與大自然元素的結合，成就出今天為人熟悉的「波希米亞嬉皮」態度。

這種風格亦很快進入了高級時裝殿堂，不少時裝設計師都推出了波希米亞風情系列，讓嬉皮風格一直延續不衰。

+ Flower Power

提及「波希米亞嬉皮士」一定聯想到花朵。其實早在 1967 年，一次「夏日之戀」（Summer of Love）聚會期間，因為參加者不但穿着花卉圖騰的服飾，更向別人派發花朵以象徵愛與和平，所以大眾媒體便把穿上花卉圖案服飾的嬉皮士冠名為「Flower Child」。如果參加 70 年代的主題派對，穿着腰果花服飾加花朵配件已經能塑造出重點形象。

波希米亞嬉皮士造型一直流行至 70 年代中期。

011

1967 年 10 月的一次遊行活動中，
一位女參加者為軍警送上鮮花。

頭巾也是當時衣飾風格的焦點所在。但即使用上相同的頭巾，使用不同的紮法也代表着不同的時尚風格。民族風的女生會用頭巾包裹整個頭頂，而嬉皮造型則採用一條長方形頭巾的紮法。

浪漫復古風

所謂「時裝是一個循環」，逾半個世紀前的浪漫古典造型開始「復古」起來。設計師紛紛把荷葉邊衣領和主教式闊袖（Bishop sleeves）等愛德華特色元素融入當代時尚。波希米亞風格的女生則穿上墨西哥「農民」或彩色刺繡的匈牙利鬆身上衣，展現浪漫復古的一面。品牌 Laura Ashley 設計出的復古浪漫花卉印花長裙，以蕾絲領和精緻刺繡點綴，成功攻陷無數「少女心」，對於衣着講究的女生來説，更能藉此尋回昔日的優雅。這些古典風格混合嬉皮士元素的復古長裙時被稱為「Granny Dress」（祖母裙），當時在美國非常暢銷，動輒數以百萬件。嬉皮士則從閣樓找出祖父母的遺物，重新配搭，為「古着」潮流掀起序幕。

一般而言，70 年代放棄昔日的優雅貼身剪裁，寬鬆的設計有時還帶點笨重感。慢慢地，女生會花心思在腰間加上一條粗皮帶以修飾腰部線條、捲起過闊的袖子至手肘長度、留下襯衫上的幾顆鈕子不扣，流露出率性隨意的性感。

70 年代，品牌 Diane von Furstenberg 推出印花針織裹身裙，其設計特色在於擁抱各種不同身形時，也能呈現女性柔美的線條。在這個推崇男女平等，男男女女都穿上褲子的時代，她的品牌廣告以「Feel like a woman, wear a dress」作口號，不但立即成為炙手可熱的商品，更成為經典時尚。

012

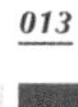

013

左　古典花卉圖案加上象牙色蕾絲衣領，展現復古精緻。

左　穿上以荷葉邊裝飾的襯衫，洋溢愛德華式的浪漫。

男裝女穿和女裝男穿的交錯

電影 *Annie Hall* 中 Diane Keaton 穿上男裝西裝背心和領帶，卡其色直闊筒褲，沒有 Le Smoking 般的修身剪裁，在男女平權的進程上更具代表性。

70 年代的著名時裝設計師 Halston 曾說：

> *Pants give women the freedom to move around they've never had before. They don't have to worry about getting into low furniture or low sportscars. Pants will be with us for many years to come——probably forever if you can make that statement in fashion.*

的確，70 年代的女裝褲子設計包羅萬有，跟裙子一樣，褲子長度的選擇應有盡有：Jumpsuit 連衣褲、高腰寬腳、貼身窄腳、喇叭腳、中腰直腳、超級寬腳甚至迷你熱褲通通共冶一爐。電影 *Annie Hall* 中 Diane Keaton 穿上男裝西裝背心和領帶，加上一雙卡其色直闊筒褲，帶起「Layering」的層次穿搭潮流。

70 年代初期，高佻纖瘦的女星如 Jane Birkin 等一律穿上緊身褲或熱褲配以高筒靴，成為女生模仿的對象。不過這種配高筒靴的穿搭並非女生專利，David Bowie 的專輯封面《*Rebel Rebel*》中的紅色貼身連衣褲配黑色長靴，曾經引起更大的迴響。

牛仔狂熱——Denim Craze

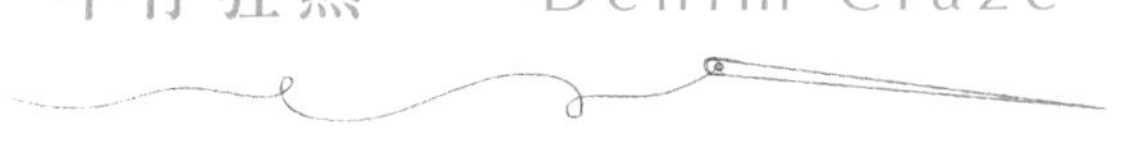

牛仔褲在 60 年代起慢慢普及。到了 70 年代，牛仔布市場更達至高峰。由 70 年代初期的洗水牛仔褲到後來的窩釘、拼布加對比色車縫線，時尚界不斷為牛仔褲注入創意設計元素。到了 70 年代後期，牛仔褲變回深色和貼身狀態，彩色牛仔褲在後來幾年也更為流行。同時，設計師如 Calvin Klein、Pierre Cardin 相繼在後袋上標上自己的名牌，此舉風靡時尚界，牛仔褲由 Street fashion 攀上 High fashion 之路從此開始。

牛仔布的應用不但在褲子上、連牛仔布上衣也受到青睞，「Double Denim」的穿搭大受歡迎。

014

70 － 80 年代的牛仔裙，這種前幅拉鍊設計在 70 年代十分流行。

燈芯絨跟牛仔布一樣，突然在 70 年代瘋狂地流行起來。當燈芯絨被染上繽紛的色彩，不論男女都穿起以燈芯絨製造的喇叭褲，甚至全套西服，進入休閒服飾的新時代。

到了 1974 年更捲起「T 恤牛仔褲」的休閒風潮，年輕人穿上印着各式標語的上衣，藉此表達自我。他們戴上一副 Oversize 的大墨鏡，帶着裝酷的神態，彷彿向世界宣佈這個時代是屬於年輕人的。

事實上，面對 70 年代的經濟衰退，不但很多時尚首飾品牌被收購甚至結束營運，後來還有傳統的奢侈時裝品牌從家族生意變成全球化企業。

部分的歐美奢侈品牌為了增加收入，開始提供以特許經營的形式銷售「Ready-to-wear」的較平價路線，銷售香水、珠寶和手袋等等，以開招「Affordable Luxury」的大眾化市場，令平民大眾也能買得起傳統奢侈品牌。

015

017

016

上 以casual wear上班已成為70年代的新趨勢。

左 年輕人都穿上印花 T-shirt。

下 1960 — 70 年代的墨鏡。

五光十色的 Disco Night

Disco（的士高）原指那些在法國的地下舞廳，後來 1977 年電影《週末狂熱》（*Saturday Night Fever*）將之投放在大銀幕後，原來屬於「地下」的跳舞活動一下子成為一發不可收拾的熱潮，席捲至 80 年代。老一輩也許對 Disco 有點不滿，因為他們視之為「性解放」的地方。

但其實的士高舞廳除了是一個與異性擦出火花的場所外，更是探索新舞步的好地方。在的士高舞廳裏，沒有古老的現場樂隊表演，更加沒有特定舞步，這是一個自由放縱的年代！

018

1979 年的 Disco 照片。70 年代末珠片服飾登場，與貼身的 Bodysuit 共同佔據的士高的舞台。

一個個互不相識的身影在舞池中隨着 DJ（打碟騎師）播放的音樂擺動身體，一雙又一雙的厚底鬆糕鞋為強勁節奏打拍子。Disco Ball 五彩的光線錯落投射，這一秒落在穿着貼身小上衣喇叭褲的少女身上，下一秒反射着她金屬色珠片裙子的光芒。當 ABBA 的歌聲響起，旁邊穿着單肩色丁裙的女生與男伴共舞，完全沉醉在情感釋放當中；而不擅長跳舞的他，也拿起酒杯，滔滔不絕地談起人生的意義，但對面的她只能顧得上汗水有沒有化開那亮橙色的眼影。

在這個毫無拘束的虛幻國度，沒有「bad fashion」只有「bold fashion」。紅橙黃綠青藍紫，強烈奔放的色彩運用在閃耀華麗的服飾上，這樣狂放自信的打扮成為下一個設計師的創作靈感。

在這個「To see and To be seen」的場所，每個人都是主角。

夜幕低垂，在紐約的曼哈頓區，派對天后 Biance Jagger 穿着名貴的皮草與性感的 Jumpsuit 和 David Bowie（大衛．寶兒）、Elizabeth Taylor（伊利沙伯．泰萊），甚至 Michael Jackson（米高．積遜）等名人在傳奇夜店 Studio 54 徹夜狂歡，瘋狂的故事不時在小報流傳，而 Studio54 的確為 70 年代抹上一層迷幻色彩。

繽紛的霓虹色彩、天旋地轉的迷幻線條，像萬花筒般放大縮小的對稱圖案，這樣誇張的色彩印證着 70 年代的光怪陸離。

但與此同時，希臘女神式的白色長裙卻更能迷惑人心。不論日間的聚會還是晚間的派對，也不乏白色時裝的蹤影。前衛的派對女王 Bianca Jagger 便是以一套白色的 YSL Le Smoking 西裝外套配白色長裙出嫁，更真「空」上陣，非常轟動。

除了 YSL 筆下的迷人 Le Smoking 外，時裝店中還有不少套裝的選擇。到了 70 年代中期，一件長及臀部的西裝外套加一雙喇叭褲子的套裝「Pant Suits」開始普及，為在職女性帶來多一個選擇。1979 年「鐵娘子」戴卓爾夫人（Margaret Thatcher）成為首位英國女首相，同時愈來愈多女性在工作上擔任重要職位，因此正式套裝（Twin Set）更加流行，而且種類繁多。不過，設計愈接近男裝風格的愈受歡迎，而且長至大腿外套配長褲這個曇花一現的潮流更成為獨特的 70 年代標誌。

019

不但 70 年代的家居擺設多以橙紅色調和腰果花互相映襯；連當年香港的流行雜誌中，也可見到演員穿上當下最流行的紅色套裝和喇叭褲。

髮型與化妝的極端造型

70 年代分別出現了嬉皮清淡裸妝與誇張 Disco 妝的兩種極端造型。

崇尚自然的嬉皮打扮就是不論男女皆留着一頭柔美的中分長直髮。有時候，他們利用把頭巾摺起至幼長型，輕輕束在前額上方的位置，成為嬉皮士的特色。面容上，女生們畫上自然的眉形，一條低調的內眼線配合大地色系的眼影，塑造出不過分修飾的清雅的妝容。

Disco 妝講求明亮大膽的外觀，她們毫不吝嗇地在臉上畫上最艷麗的色彩，例如藍色或綠色的極端眼影，甚至混上不同的顏色，加上誇張的睫毛膏，在夜色中發熱發亮。她們還會用上閃亮的 Highlight simmer 突出輪廓，高調地慶祝 70 年代的自由奔放。

020

021

左　1974 年，在美國亞特蘭大的一張街拍完美展現時裝在普羅大眾中的百花齊放。千篇一律的時尚輪廓不再存在。

右　中間分界的長直秀髮也是 70 年代的另一熱潮。

在這現代開放的時代，Pillbox、Half Hat 等小帽子已經完全淪為過時的祖母級配飾。闊邊的太陽帽不但具實際的防曬作用，還帶着一種令人羨慕的渡假風情，因此深受女星歡迎。

"They always say that time changes things, but you actually have to change them yourself." ——Andy Warhol, 1975.

70 年代是一個變革的里程碑，大眾擁抱多元化，他們擁抱自由，擁抱不同種族，擁抱性別平權。每個人盡力締造一個更開放、更美好的未來。

或者正正因為 70 年代對各種風格兼收並蓄，更被視為 60 與 80 年代之間的過渡時期，甚至有種大熔爐的混雜感覺。但今天回望那些碰撞的色彩，仍會為它的前衛精神深深感動。

時尚絮語

屬於 70 年代的橙紅色

橙色這種鮮艷奪目的色彩甚少出現於日常服飾中。不過，在打破常規的 70 年代，連皇室和政界人士都穿上燈色。這個百花齊放的時期，實在沒有拒絕橙色的理由！

022

前美國第一夫人 Betty Ford 每次出席活動都悉心打扮。她成熟且優雅的造型同時緊貼 70 年代的潮流。一件樽領的橙色連衣裙，設計簡約，盡顯 70 年代的時尚。（攝於 1974 年）

80 年代的浮華物質世界

1980 — 1990

80 年代的兩大代表女神戴安娜王妃和麥當娜
雖然風格南轅北轍，
但各自散發出目眩神迷的魅力：
戴安娜王妃引領優雅的方向、麥當娜開拓前衛的領域。

001

明艷的妝容、分明的色彩和明確的肩線，這就是
80 年代的時裝世界。

80 年代是電視的黃金歲月，精彩的電視節目讓人目不暇給，更培植出一班娛樂界的人材，開展流行文化的新時代。昔日最佳的消遣活動莫過於是一家大小安在家中一同盯着那部細小的彩色電視機，沉醉於電視劇、音樂影片，甚至奢華的皇室婚禮。

戴安娜的童話

1981 年 7 月 29 日，全球 7.5 億人坐在電視機前，屏息凝神地欣賞着戴安娜王妃（Princess Diana）那 25 公尺長的拖尾婚紗緩緩散落在紅地毯上。她曼妙地走下樓梯，象牙白色的塔夫綢（Taffeta）像波浪般緊緊尾隨她優雅的身影。

這個全球見證下進行的夢幻婚禮，不但是無數女生夢寐以求的童話故事，女主角身上由時裝大師 Emanuels 設計的華麗婚紗更矚目時裝界。她一襲象牙白色泡泡公主袖婚紗，荷葉邊的領口與古董蕾絲飾邊互相映襯；加上精緻的手工刺繡，美得讓人驚嘆。設計們絕不浪費戴安娜王妃締造出的童話公主幻象：他們毫不吝嗇地在肩膀位置加上額外的布料，勾畫出公主袖的線條。

據説這原是屬於瑪麗皇后（Queen Mary / Mary of Teck；1867—1953）的古董手工製卡里克馬克羅斯裝飾邊（Carrickmacross lace）。

誇張的公主袖成為 80 年代的代表輪廓。女學生們在期待已久的畢業舞會（Prom night）穿上公主袖加蕾絲的隆重舞會禮服，一償當公主的心願。這種有點像婚紗的白色晚會禮服在 80 年代大受歡迎 。

除了舞會禮服外，日間穿着的 Day Dress 也不缺泡泡袖元素。

002

003

左　80 年代的粉紅色公主禮服： 不論在畢業舞會還是晚宴上，女生都希望美得像公主一樣。

右　復古造型：80 年代流行「沙龍照」，攝影師都會在鏡頭上塗一抹「花士寧」來製造朦朧效果。

004

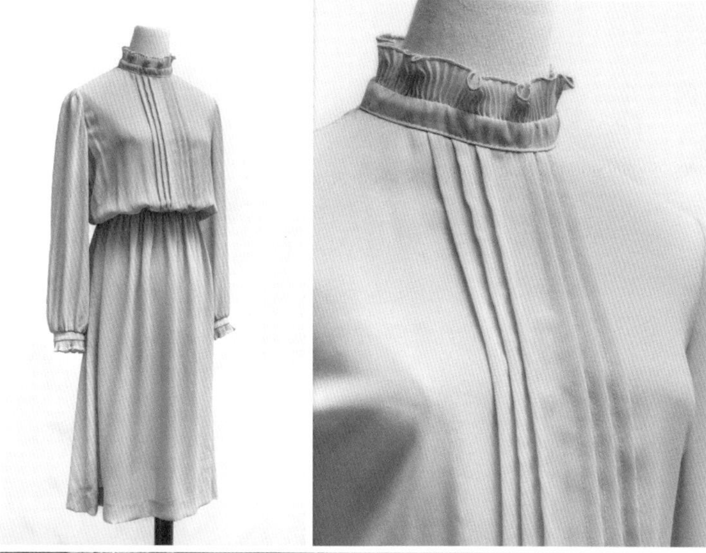

005

上 戴安娜王妃熱愛穿着古典的高領荷葉邊襯衫，帶起一輪新的熱潮，這種像餡餅皮的飾邊更被稱為「Pie Crust Collar」。圖為 80 年代美國出品的雪紡裙。

下 優雅大方的戴安娜更引領起項圈的熱潮。

無容置疑，戴安娜王妃是 80 年代的優雅典範。

她穿起闊肩衣服時，不但沒有過量的剛強味，反而展現出流傳萬世的優雅氣質。在理髮店內，每位女生都喊着要修一個戴安娜王妃的蓬鬆微曲短髮。她不論穿上線條硬朗的正式套裝，抑或是婀娜輕盈的連衣裙，充滿時尚觸覺的她在頭上配戴一頂匹配的帽子，展現迷人的親和力、低調的皇室氣派。

80 年代不是太久遠，相信不少讀者對當時的時尚標準有點印象。除了衣服上的大肩墊外，誇張的飾品如大耳環和粗獷的金鏈、閃爍的珠片和鮮艷奪目的 Aerobics 美體操服飾共同拼湊出 80 年代的時裝基調。

"Video killed the radio star! We're flashing back to the eighties, the decade of decadence, when we did everything big - from shoulders pads to hairstyles"——Queensland State Archives

五光十色的娛樂圈成為人們吸取時尚靈感的泉源。台上的明星為了塑造鮮明的形象，他們花盡心思誓要成為大眾討論的焦點。

"You know that we are living in a material world And I am a material girl..." ——"Material Girl", Madanna, 1985

麥當娜舉手投足總是令人神魂顛倒，是80 年代的時尚指標。

帶領時尚潮流的流行天后麥當娜（Madonna）在其作品〈*Material Girl*〉的 MTV 中模仿瑪麗蓮・

夢露（Marilyn Monroe）在電影《紳士愛美人》（*Gentlemen Prefer Blondes*，1953）中演唱〈*Diamonds Are a Girl's Best Friend*〉的片段，讓她的歌唱事業推上巔峰。在這個着重物質的年代，「拜金女孩」實在道出無數人的心聲。

麥當娜的歌舞實力非凡，被視為一代傳奇，但她的時裝感染力也不能被忽視。1990 年，她穿上 Jean-Paul Gaultier 設計的圓錐形胸罩 Bodysuit 在其「Blond Ambition World Tour」世界巡迴演唱會中登場，加上大膽演出，成為流芳萬世的經典——她更引領出內衣外穿的新時尚。

80 年代的歌聲魅影不禁令人聯想起 30 年代荷李活式的浮華，而每個人都忙於活在當下。

激昂亢奮的示威遊行暫告一段落，換上一場又一場的慈善表演。最矚目的是 1985 為緩解埃塞俄比亞飢荒籌款的「Live Aid」音樂會。 在英國倫敦的溫布利大球場（Wembley Stadium）和美國賓夕法尼亞州費城的約翰．肯尼迪體育場（JFK Stadium in Philadelphia）同時舉行，多名地位舉足輕重的當紅歌手傾力演出，共籌集得 1.27 億美元的善款。這種宣揚愛的魔力更啟發其他國家如蘇聯、加拿大、日本、南斯拉夫、奧地利、澳洲和西德同時舉行類似的音樂會，成為有史以來規模最大的衛星連接和電視廣播之一，全球估計有近 40% 的人口觀看了直播。

巾幗不讓鬚眉的權力套裝

70 年代是大量婦女加入勞動力的開端，到 1980 年代初，不少女性的工作能力備受肯定，更在職場上擔位重要工職。為了使自己在辦公室上處於較平等的位置，一眾女企業家避免過度女性化的裝扮，多選擇較嚴肅的套裝如較 Boxy 的西裝外套配及膝長裙或闊腿褲以展示女強人本色。

006

007

008

009

左上　80 年代的 Boss Lady 連衣裙，有着寬闊而畢直的肩線，女士與男士一樣都有硬朗強大的一面。

右上　80 年代的連衣裙普遍是闊膀加肩墊、上身和手袖剪裁不貼身，配合在腰間以橡筋修腰的設計。當時的政界女強人如戴卓爾夫人，也多以這種剪裁的套裝示人。

左下　Oleg Cassini 出品的綠黑色珠片上衣，在派對上絕對閃亮搶眼。

右下　Peplum 連衣裙在 80 年代深受上班族歡迎。

白天，她們踏着高跟鞋，晃動着肩上寬闊而畢直線條進入辦公室，彷彿以此證明自己的肩膀與男士一樣硬朗強大，能肩負起所有責任。

夜幕低垂，她們換上野性的豹紋緊身裙，一雙奪目的大耳環垂吊在臉龐旁，手上拿着一個閃亮的 clutch bag，盡情參加都市中一個又一個的瘋狂派對。

010

針織布料的應用不但能更緊貼體態，還能製造出不一樣的垂墜感。

這種墊肩的設計早在戰時 40 年代流行，不過那時的肩墊比較低調，而且裙子以 A-line 或直身為主。自 70 年代起，彈性的針織布料廣泛地應用在時裝上，因此 Pencil skirt 的設計能更緊貼臀部，突出曲線線條，在 80 年代變奏的寬大肩墊映襯下，呈現出一個倒三角形的輪廓。

與此同時，修腰傘狀下擺裙（Peplum Dress）回歸。這種走起路來亦分外婀娜多姿的設計也成為不少職場女性的新寵。

80 年代經濟騰飛，加上女性薪酬大幅提升，掀開「She Power」的序幕。70 年代大量品牌企業化，集中的資金推動一個又一個的市場推廣策略，成功建立品牌形象。不少女性追求奢侈品牌以展示事業上的成就，帶動各大品牌的銷量大幅提升，如 Hermes 的 Kelly Bag、Louis Vuitton 的 Monogram、Chanel 的 2.55 都受惠其中。

80 年代健身時尚

當您想到 80 年代時，腦海中難免浮現一雙雙霓虹色緊身連衣褲和撞色襪套（leg warmers），上下揮動雙手叫喊着「One! Two! Three! Four!」。

事實上，這種 Aerobic 風潮相信是由奧斯卡影后珍芳達（Jane Fonda）在 1982 年推出的《Workout》錄影帶捲起的。錄像中身材健美的 Jane 穿着時髦的粉紅色和紫色間條緊身運動衣（Leotard），加上一雙長及膝的襪套，活力充沛地帶領觀眾進行一系列的健體操。早前提及過，80 年代是電視業的盛世，因此一輯精心製造的影片能創造出極大迴響。

《Workout》推出後好評如潮，成為有史以來銷量最高的錄像帶。她掀起的這股健身運動風潮一發不可收拾。

在80年代，健體的魅力遠超於只是一種強身健體的運動，它是當下最受歡迎的消閒活動，更衍生出獨一無二的運動時裝王國。

運動服飾緊緊追隨80年代的時裝趨勢，採用大膽的色調和輪廓，如鮮黃色像泳衣般的彈性服飾配彩藍色單車短褲，這種衝擊傳統美學的色彩搭配，卻勾畫出80年代的時尚框架。這一群色彩繽紛的剪影在強勁節拍下扭動，誓要花枝招展地將運動的趣味展現眼前。健身室頓時成為女生們爭艷的舞台。

運動場所已經不再限於家中或健身室。晨光初露，辦公室女郎已經整裝待發，一身時尚的西裝配運動鞋，以急步走路代替乘車。回到辦公室後再換上高跟鞋，這種做法已經成為女生們默許的共識。

運動服逐漸成為恆常便服，不少設計師把運動服飾的元素融入日常服裝，令運動服與休閒服的分界線日漸模糊。街上行人都穿着這種貼身的物料來炫耀健身的成果，更導致生產 Spandex（彈性纖維布料）的美國公司 DuPont 在80年代運動風潮的巔峰下面對供不應求的情況。

011

80年代的時裝與運動裝的界線逐漸變得模糊。

霓虹街頭時裝

80 年代的街頭時裝趨向中性，不但襯衫 oversize 的程度比上個十年更上一層樓，褲子也愈來愈累贅。冬天的時候，長及臀部的 oversize 毛衣色調強烈，遠遠也能吸引大眾的目光。這一切都是過去的時裝發展中從未遇上過的重大改變。

年輕人對昔日的優美風格不感興趣，沉悶的正裝裙子似乎只適合坐在辦公室的「Boss Lady」穿着。時裝界的影響由從前的「Top down」（由

012

013

014

左上　80 年代，在加大碼的襯衫外加一件背心冷衫也是當時的流行配搭。

左下　80 年代的街頭時尚不能缺少一件拼布運動外套。

右　80 年代的簡約風格：一件 oversize 襯衫加一條牛仔褲，流露出隨意美。

上而下）變成「Bottom Up」（由下而上），街頭潮流對奢侈的時裝品牌設計帶來前所未有的影響。

這種 80 年代的經典造型仍深受倫敦少女歡迎。在今遊走倫敦街頭，絕對不難發現女生跟相中一模一樣的打扮：Oversize 毛衣、吊腳牛仔褲或熱褲，再加一個長帶側揹袋。

如果 70 年代是橙紅色，那 80 年代就定必是霓虹色調。黃色和桃紅色更是異常活躍，實踐「沒有最誇張，只有更誇張」的 80 年代金科玉律。

誇張的搖滾繽紛妝容

80 年代的妝容是 70 年代 disco look 的延續：強烈色彩的眼影、鮮艷的胭脂和鮮色的口紅在各臉龐上爭妍鬥麗。

同時流行的歌德風格，則推崇蒼白的膚色，加上深色的眼妝和色調更深的唇膏。

"...the bigger the hair, the bigger the bank balance in New York social scene." ——Kate Mulvey & Melissa Richards, Decades of Beauty: The Changing Image of Women 1890s-1990s.

在這十年間，頭髮是巨大而野性的。要塑造這種時髦的大鬈髮（Coiffed Hair）絕不容易，女士們不但要把頭髮逆毛梳理，更要用上大量髮膠，對頭髮造成不少傷害。

但社會上流傳一個相當有趣的說法：「你的頭髮梳得愈大，代表你的銀行儲蓄愈多。」所以名媛們都懶理甚麼傷害，80 年代嘛，沒有甚麼比「Show off」更重要！

015

色彩繽紛的 80 年代。

運動的時候，她們額頭戴上汗帶（sweatband）進行鍛煉或體育鍛煉，或者用 Scrunchy 這種用布包裹的橡皮圈時髦地把頭髮束起。

這個年代圍繞着「過多」、「過大」、搶眼顏色、奢華，甚至帶點俗氣，但喜愛 80 年代的人就是被這種毫不掩飾的豐富個性吸引着，我行我素的時尚態度使 80 年代變得無比有趣。

017

016

018

左上 復古造型：80 年代的妝容多採用大膽的色調。

右上 80 年代的蓬鬆曲髮下，不忘加上一雙大耳環點綴。

下 攝於 80 年代，相片中的法國女士穿上整齊的西裝外套，展現筆直的肩膀線條。如果不喜歡野性曲髮，把頭髮「All Back」地梳理得整齊貼服也是另一選擇。

時尚絮語

Made in Hong Kong 的「獅子山下精神」 80 年代—— 香港製造業的最後高峰

每次到外地搜羅中古品時，筆者都會特別用心留意衣服上或者袋子內有沒有釘上「Made in Hong Kong」的標誌。

以輕工業為主的香港製造業於第二次世界大戰結束後踏上繁榮發展之路，全因當時大批內地工業家帶同資本和技術人員南下香港逃避內戰。香港的第一間紡織廠就是於 1947 年成立，到了 1949 年，從日本引進機器生產的香港塑膠「紅 A」製品也成為當時得令的新興行業。前文提及過，塑膠是戰後的新興物料，不但輕便耐用、而且具高可塑性。到了六七十年代，塑膠物料在科技發展下變得更便宜，塑膠製品滲入家中每個角落，在世界各地的需求因而急劇增加。

香港出品不但價廉物美，而且低關稅的自由貿易政策和水深港闊的船運配套設施，令香港贏得不少歐美訂單。60 年代香港的紡織業登上高峰，同時不少廠家投入針織業務。到了 70 年代在牛仔褲的狂熱下，香港也生產為數不少的牛仔褲出口到歐美。到了 70 年代中後期，面對石油危機，西方國家在保護本土製造業下實施貿易配額政策，令紡織業遇上樽頸位，同時香港勞工成本上漲，內地實行改革開放政策，到了 80 年代香港的製衣工廠迫不得已逐步北移至工資更低廉，廠房空間更廣闊的中國內地。

在本地製造業起飛的年代，女工的角色舉足輕重，媽媽那一輩，大都經歷過「工廠妹」的生活。事實上，在華人社會中「男主外，女主內」的文化根深蒂固，因此昔日的婦女出外打工時也面對不少難關。

然而，發展蓬勃的製衣業需要大量人手，在經濟誘因下，希望改善生活的家庭也開始鼓勵婦女外出參與勞動力。雖然她們離開「相夫教子」的角色，但當時的工廠大廈大都離民居不遠，因此不少婦女還會回家煮飯、打理家務，生活實在忙碌。

除了紡織製品外，「膠花」也是另一個令香港製造揚名海外的產品。由「穿塑膠花」到後來流行用塑膠珠子穿在手袋上拼湊出美麗的圖案，各式各樣美輪美奐的香港製造塑膠產品深受歐美市場歡迎。香港幾乎壟斷全世界的塑膠花貿易。

1960至1970年代，香港製造的塑膠珠子袋質優價廉，吸引大批歐美品牌到香港生產。這種穿珠子的工作雖然不需要甚麼複雜技術或設備，但全人手串製的工作卻涉及大量人力。面對絡繹不絕的訂單，聰明的廠家把這些工作外判至居住在木屋區或公共屋邨的基層大眾，甚至用上「童工」，實行「全民穿珠」。聽說當年就是由外判商把珠子和印上圖案的底布分裝成一袋又袋，然後由該屋邨的「領頭人接貨」，再分配給各家庭，按件發酬。

019

繡上「Made in Hong Kong」的珠子手袋。

020

三個香港製造的串珠手袋，均從外國購入。

他們就按着布上要求的圖案顏色串上相應的珠子，有時候還要裝嵌，但很多時他們並不知道成品會變成甚麼樣的東西。

這樣子，在無數個燈火通明的晚上，母親和孩子一邊串珠，一邊看電視或聽着收音機，在歡笑吵鬧聲中工作，讓那些必須在家照顧老幼的婦女也能賺取十元八塊幫補家計。

這些家庭式作業的穿珠工作成為上一輩香港人的集體回憶，多勞多得的工作模式充分展現香港人的獅子山精神。

穿膠花經歷也是當年許多香港家庭的寫照。

這些製作精美的珠子手袋大都是60至70年代的出品，在美國的二手市場還會經常看到「Made in Hong Kong」的蹤影。難怪香港更一度被譽為「塑膠花王國」。

雖然筆者未有親身經歷過「穿膠珠」，但昔日的奮鬥故事卻從長輩口中聽過不少。因此，在外國遇上「Made in Hong Kong」的標誌時，一種屬於香港人的驕傲總會湧上心頭。

優 + 雅 + 現

代 + 演 + 繹

重現獨特的復古美態

Femme libérée（法語，英文：Female Liberation）是筆者創立的自家復古設計品牌，旨在重現昔日的復古優雅。跟 100 年前「解放女性」的初心一樣，不過時代進步了，「解放」的定義亦有所不同。從前的女性時裝解放要求穿上中性服裝，盡量擺脱女性化體態。2020 年，男裝女穿或女裝男穿也沒有所謂了，以 T-shirt 牛仔褲出席婚宴的大有人在。反而，當女生盛裝出席聚會時會被視為「太誇張」、上班前打扮一下會被同事揶揄「今晚去飲呀？」甚至會被定位為一無是處的「花瓶」。當各人在享受時尚自由的同時，為何嚮往優雅美態的女生反而被現代社會困住了呢？

Act Like Dior, Think Like Chanel.

Christian Dior 先生的經典 New Look 是筆者夢寐以求的時裝輪廓，每次看着那鬼斧神工塑造出的漏斗形優美線條總讓人怦然心動。Dior 先生這樣形容自己：「I think of my work as ephemeral architecture, dedicated to the beauty of the female body」。

相反，思想前衛、骨子裏是「女權主義者」的 Madame Chanel 卻認為 Dior 先生並不懂得女性時裝：「Dior doesn't dress women. He upholsters them」。

她將女權精神融入時裝，以 Jersey 這種舒適物料令女性獲得身體活動上的「自由」，將口號轉化為實際的改變。

Women must tell men always that they are the strong ones. They are the big, the strong, the wonderful. In truth, women are the strong ones. It is just my opinion, I am not a professor. ——Coco Chanel

Femme libérée 就是希望透過重塑昔日的優雅，讓時代女性釋放大家骨子裏的嫵媚，享受不受限制的時尚自由。

資料搜集是設計復古衣服過程中重要的一環。透過翻閱舊雜誌、看電影，甚至找出從前的紙樣，都可以幫助了解每個時代的獨有輪廓，例如其設計特色、顏色圖案和布料特性等等。這亦是令我對歷史如何影響時裝的課題產生濃烈興趣的原因。例如：20 年代的裙長縮短是女性解放

30 年代的 Jumpsuit / Overall 以高腰和闊褲筒設計為主，讓女生在穿着褲裝時也盡顯女性嫵媚。在接近戰事的時間，紅白藍這種「愛國色調」更常見。

在古巴拍攝製成品。

的象徵，40 年代的肩墊套裝是巾幗不讓鬚眉的表現，60 年代的娃娃裝是逃避現實的出路，70 年代的花花腰果圖案表現 Hippies 的一面。

不過，要製作出一件跟昔日一樣的作品其實難關重重。從前的衣服手工一般都較複雜細緻，在簡約主義下的今天，實在要花費不少唇舌才能説服製衣師傅動工，因為每一件都是全人手製作的。「別人的出品只是前後兩幅布縫在一起，怎麼你的特別複雜，又要加小領口，又要腰帶……」她們都是這樣「責怪」我。

然後，要找具復古風格的布料也要需靠運氣。畢竟，在快速時尚（fast fashion）當道的今天，布料怎麼也沒有從前的舒適耐用。另為追求「原汁原味」，很多時我也會搜羅一些中古鈕扣和腰帶扣庫存來配襯。在設計復古衣服的過程中，也要顧及現代的實際需要而作修改，例如每天穿着的裙子設計就不會加入裙撐，但要保留實用的口袋設計、加入橡筋以提升舒適度等等。現時筆者也非常樂意提供修改服務，希望客人穿得稱心滿意。

復刻時裝的有趣之處，在於同一個年代的紙樣，可以造出不同風格（見右頁）。

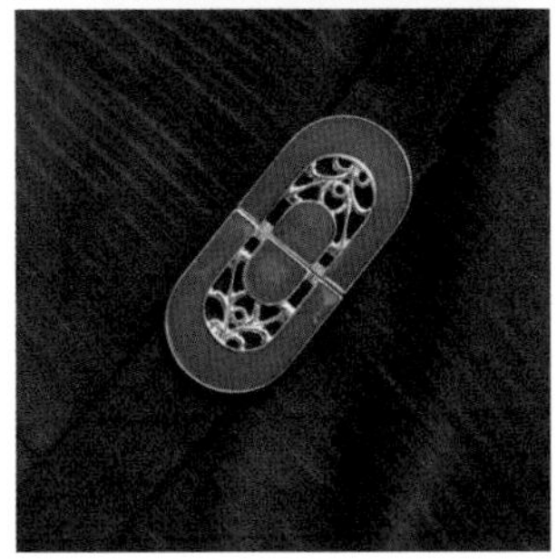

上　波浪邊的設計花上不少功夫。

下　設計都用上日本的中古腰帶扣庫存。

同一個 *50* 年代的紙樣，造出三種不同風格。

上　近乎原裝的設計，不過把角袖變成短袖款。

左下　把圓形的裙襬改成直身，感覺更像 50 年代的 Worker Dress。

右下　把 Peter Pan 領口和袖子移走，成為適合 OL 上班的變奏版。

經典造型

1

一件細緻蕾絲古着白襯衫配一條素色長裙，
輕易塑造出摩登的愛德華造型。

Dr. Meanne Chan | Iris Cheng @ 文藝女生 | Vintage

經典造型

1

70-80 年代的日本古着襯衫，
其細緻造工彷彿帶我們時光倒流 100 年。

Dora Sin | Naoju Photography | Vintage1961

經典造型

2

以幾何線條和閃爍配飾建構出 Art Deco 的藝術感，
或者穿上流蘇裙子加上珍珠長鏈，踏進紙醉金迷的 Roaring 20s。

Cathine Chan | Luke Chan | Femme Libérée @Vintage1961

Milki Li | Iris Cheng @ 文藝女生 | Femme Libérée @Vintage1961

經典造型

3

在簡約的單色裙子的領口上加入 30 年代的斜裁元素，塑造出不一樣的垂感，成為充滿復古感的現代上班服。

Dr. Meanne Chan | Iris Cheng @ 文藝女生 | Femme Libérée @ Vintage1961

Sue Mak | Luke Chan | Femme Libérée @ Vintage1961

經典造型

4

巾幗不讓鬚眉的 Patriotic Suit 是第二次世界大戰時的日常打扮，
以墨綠和灰色的基調展示戰時樸素的一面。
樹葉形的交叉領口在 50 年代大受歡迎。

Iwing Sung | Iris Cheng @ 文藝女生 | Femme Libérée @Vintage1961

Iwing Sung | Iris Cheng @ 文藝女生 | Femme Libérée @Vintage1961

50年代造型

5

日間的50年代造型以一件貼身的小上衣和傘裙為主軸，洋溢柯德莉夏萍式的優雅。舒適簡約的白色棉襯衫束在素色半裙內，加上一條小圍巾……享受一個50年代的「羅馬假期」吧！

Iwing Sung | Iris Cheng @ 文藝女生 | Femme Libérée @Vintage1961

Iwing Sung | Iris Cheng @ 文藝女生 | Femme Libérée @Vintage1961

50年代造型

6

具面紗的頭飾和優美的胸針為晚間小禮服增添古典氣息。

Iwing Sung | Iris Cheng @ 文藝女生 | Femme Libérée @Vintage1961

Dora Sin
Naoju Photography

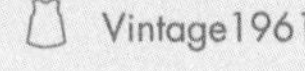
Vintage1961

50年代造型

7

一身白色的打扮，令人聯想起瑪麗蓮．夢露式的性感迷人。

Sue Mak | Luke Chan | Femme Libérée @ Vintage1961

Iris Cheng @ 文藝女生 | Vintage1961

60年代造型

8

60 年代中期起，H 形的直線輪廓深受女生喜愛；以 60 年代 Jackie Kennedy 經常穿着的 Twin Set 為靈感的套裝也是時尚經典。

Cathine Chan | Luke Chan | Femme Libérée @ Vintage1961

Cathine Chan | Luke Chan | Femme Libérée @ Vintage1961

60年代造型

9

拱起的「蜂窩頭」，
線條簡約俐落的 A-line 輪廓和誇張的大耳環，
塑造出 60 年代 MOD 時尚。

Milki Li | Iris Cheng @ 文藝女生 | Femme Libérée @Vintage1961

Milki Li | Iris Cheng @ 文藝女生 | Femme Libérée @Vintage1961

60年代造型

10

戴上塑膠頭箍、梳一個奧米加頭，
或到舊冰室感受一下老香港情懷。

Loretta Cheung | Yung ching @ Tadpole Studio | Vintage1961

Iris Cheng @ 文藝女生 | Vintage1961

70年代造型

11

70 年代，女裝褲子成為一個勢不可擋的潮流。

Cathine Chan | Luke Chan | Femme Libérée @ Vintage1961

80年代造型

12

80 年代以明確的肩線和誇張的飾物領導造型。
釘上亮麗珠片的服飾更是參加派對的不二之選。

Dr. Meanne Chan | yeunghatou | Vintage

文青系 古着

13

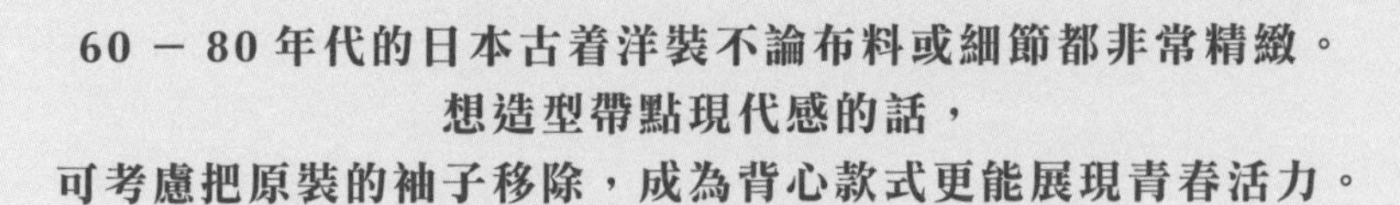

60 – 80 年代的日本古着洋裝不論布料或細節都非常精緻。
想造型帶點現代感的話，
可考慮把原裝的袖子移除，成為背心款式更能展現青春活力。

Kenix Leung | Whohang | Vintage1961

Kenix Leung | Whohang | Vintage1961

永不落伍的黑色優雅

14

穿上 Little Black Dress，化身復古美人。

Karen Wong | Luke Chan | Femme Libérée @ Vintage1961

Amy Wong | Iris Cheng @ 文藝女生 | Femme Libérée @ Vintage1961

優雅承傳

Iris Cheng @ **文藝女生**

「小時候被送去學芭蕾和鋼琴來培養氣質，但未能成為舞伶或音樂家的自己總覺得生活距離優雅很遠，直至接觸到 vintage 衣飾。不同於現代的粗製濫造，其造工的細緻巧思與剪裁的稱身，才發覺縱然時光荏苒，能懷抱美好，穿上這身經光陰淬煉而愈加美麗的服飾自信地走在街上，已經是一種日常的優雅。」

——Gloria Tsang（藝術行政人員）

「古着，於我而言，是歷史。穿上古着，尤如穿上上一代人的故事。古着很美，剪裁造工，都是匠人心跡，不是現代的衣服可以取代。不過只以美來衡量古着，未免浮淺。古着動人之處，在於承傳。試想想，一櫃子裏的衣服，過季就丢，有哪件使你留戀？但如果一件有意義的衣服，能留下來，讓合適的人再穿上，是再美不過的事：

穿着媽媽結婚時的旗袍拍攝婚照；穿着一件香港製造的裙子回校，和小朋友講香港的歷史，不是很好嗎？這就是古着令我着迷之處。」

——Esther（中學教師）

「古着令我着迷的最主要原因就是每件服飾或小物擺設的設計背後，用料與手工都記載着當時的社會面貌。拿起一個 vintage 手袋，或是穿着一件手工精緻的洋裝，物件上很多時有種獨特的味道——嗅覺能帶我回到過去的歷史時光。加上，這些服飾無論使用的面料，剪裁、用途等都是那個時代的縮影。另外，我不是一個喜歡跟潮流的人，vintage 服飾給予我更大的空間選擇衣服，配合個人風格，不受潮流市場的限制，不用跟着潮流走！服飾穿戴在身上的，除了是功能上的外觀，最重要是帶給我內心量化不到的滿足感！」

——Jess（大專講師）

「因為不喜歡現在 fast fashion 一式一樣的感覺，也不喜歡衣服穿一季就扔掉，所以開始穿着 vintage 衣物。每個年代的 vintage 都有不同感覺，在這個『雋永』世界，就讓我找到屬於自己的 style ！」

——Carrie Poon（大學研究助理）

「很喜歡舊時代的講究和精緻，在現代的速食文化已經少見。穿着 vintage 衣服，從質感和款式感覺時代洗禮的氣息，其獨一無二是很難取締的。」

——Kathy Lee（護士）

「喜歡復古造型，因為它擁有令人散發高貴氣質的獨特魅力。」

——Loretta（文職）

後記

—— Vintage 日常 ——

每個時代的社會變化都在時裝舞台上留下磨滅不去的痕跡，造就出獨一無二的時尚風格。

不管是博物館內的皇室珠寶盒、曾祖母流傳下來的手鐲、還是媽媽當年親手編織的毛衣，它們都是一個時代的見證。只是細心收藏，這些無價寶將有一天成為古董珍品。

001

茫茫人海，究竟要多少緣份才能與舊日的足跡重遇？

印象最深刻的一次經歷，要算是在紐約市集的一次奇遇。當我在其中一個攤檔埋首挑選貨品的時候，突然聽到有幾把興奮的聲音喋喋不休地討論，然後半個市集的檔主也朝着那個熱鬧的檔口走去。我也放下手上的工作，好奇地走過去。原來一位在閒逛的老先生在一個檔口出售的海報中發現「年輕的自己」！

他激動地拿着手上的海報，跟市集中的人分享那份如獲至寶的喜悅。奈何聚集的人實在太多，在吵鬧聲中我也聽不清楚來龍去脈，但能拍下這張彌足珍貴的照片作紀念也已是相當幸運。

又有一次在意大利的搜購中，買入了一個舊手袋，回到酒店後打開一看，發現暗格有一張字條和一張舊相片。當地的朋友幫忙翻譯，原來字條是出自意大利政治家 Dino Philipson（1889 － 1972）的手筆！這是一個多麼讓人興奮的消息啊！

他在字條中以舊生的身份向朋友推薦學府 / 高校 Galileo，更稱校內的教授也認識他，他們會很樂意收 Miss Guormera 為學生。旁邊的相片與字條的關係無所稽考，但從相中人的造型來看衣着，推斷時間為 20 世紀初，絕對是歷史的見證。這個手袋現在成為其中一個我最珍而重之的個人收藏品。

古物的價值不在於一個奢侈的品牌或者一個顯赫的背景，只在乎對收藏者的意義。

002

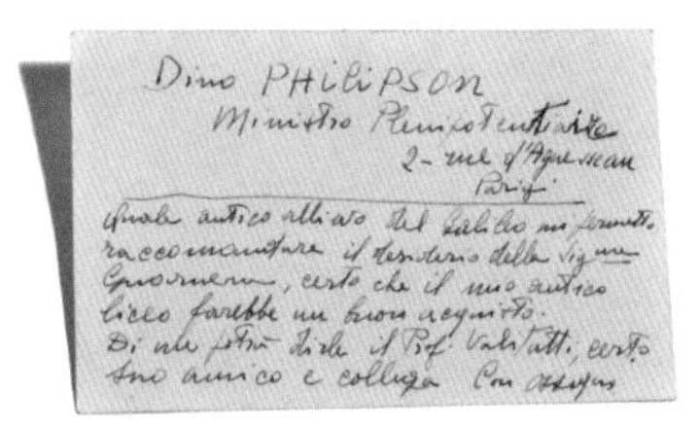

Dino PHILIPSON
Ministro Plenipotenziario
2- rue d'Aguesseau
Paris
Quale antico allievo del Galileo mi permetto
raccomandare il desiderio della Signora
Guormera, certo che il mio antico
liceo farebbe un buon acquisto.
Di ciò potrà dirle il Prof. Valitutti, certo
suo amico e collega. Con ossequi

003

左 與友人 Samantha 在開店日中的照片。

右 1977 年在加拿大的婚禮。

丈夫的外婆知道我喜歡復古衣服，現年九十多歲的她特意為我送上一件她 70 年代穿着出席女兒婚禮的粉紅色長裙。我也就在新店開幕的那一天，珍而重之地穿上。薪火相傳，這不就是古着的意義嗎？

一路上也多得行內經驗賣家教我如何欣賞舊物，令當時初出茅廬的我學懂如何欣賞舊東西背後的小故事 。

其中一位我最愛的德國賣家是一位六十多歲的太太。不要以為六十多歲就要加個「老」字，她的心境分分鐘比你和我更年輕，因此她看起來不過像五十歲而已。她偏愛 60 － 70 年代，因為那是一個充滿無限可能和想像的年代，亦是她常掛在口邊的「Viel spaß」（A lot of fun）或者「Wie ein Traum」（Like a dream）。那不受限制的色彩配搭和繽紛的大花圖案跟她的 Free Spirit 很匹配。

跟身邊的「老朋友」收取舊物是她工作的一部分，她從買貨中聽到的故事也會跟我分享，例如不少狀態完好的舊手袋是她們當年使用的

「Church Bag」，換句話說就是星期日上教堂才拿出來用一下，然後再小心收藏好，因此歷久彌新。

這就是所謂「讀萬卷書不如行萬里路」吧！

事實上，我在香港也有一位居港多年的德國老太太到我店轉售她的物件。膝下無兒的她在德國只有一位妹妹，而她能想像到自己去世後妹妹的女兒只會將自己的遺物送到堆填區……不忍看見這些精緻的物件從此消失人間，於是希望將東西交託給我去找新主人。當中一件別具紀念價值的是一個被精緻地鑲成鏈咀的70年代香港硬幣：那是她當年移居到香港後收到的第一個硬幣，她找個工匠將之鑲起，然後送給媽媽作紀念。母親去世後，她把鏈咀再次收藏好，不過思前想後，還是希望有有緣人把故事延續……不出兩天，還來不及拍照，鏈咀已經找到新主人。

004

一間 60 年代模型屋收藏，所有傢俱都是仿照當年的設計製造，非常 Original。

005

在 Private viewing 中，賣家的精選藏品傾囊而出。

006

007

左　2012 年寒冬降臨，柏林市集的老檔主冒着風雪擺檔。老攤主們那麼勤勞，我也不能偷懶吧！可惜戴着手套找寶物實在不好搞，因為皮包的質素及真偽只有十隻指頭能分辨。所以一小時過後，與風雪交戰的手指腫得像德國腸一樣……

右　老店主示範帽子戴法——遇上可愛的老人家，實在不忍心狠狠地殺價。

作為買手，我也會定期拜訪賣家作「Private Viewing」。這往往是我最喜歡的環節，因為通常時間充裕，環境也比較舒適，大家可多作交流。

不怕弄髒雙手的話，市集絕對是尋寶好去處。 歐美各地都有定期舉辦的市集。一般來説，一些較著名的旅遊區市集價格較高，但貨品款式也相對漂亮；如果有空閒時間，在 Neighborhood market 尋寶會有意想不到的收穫。市集大都是戶外舉行，因此天氣的好壞非常影響檔攤的數量。

相信大家都關心「講價的秘訣」，本人的經驗就是兩樣東西：禮貌和笑容。有時候別的顧客板着臉問價錢，再橫蠻地議價，把一切看在眼內自

008

意大利市集——在晴朗的天氣下入貨也特別順心。

己也不好受吧。不過，在市集應該避免購買昂貴的東西，特別是賣家聲稱是古董或寶石級的東西，更不要盡信賣家之言。

除了遊走市集外，Vintage fair 也是另一個尋寶的好地方。東西擺放整齊，以古着和古董為主，貨品比較集中，不過除了價格會比較高外，也會收取入場費。出席的人大多精心打扮，所以去「Window Shopping」也值得的！

到訪製造工場看過複雜的生產工序令人更欣賞手工藝的可貴。

在意大利參觀一個玻璃馬賽克的製造商，親眼看着工匠一絲不苟地處理每一個看似微不足道的步驟，令人更珍惜每一件出品。

記得讀過一篇報道講述意大利工藝面對青黃不接，已經成為夕陽行業。

009

工匠的一雙巧手，由切割到拼湊都一手包辦，以考究的心思和謹慎的手藝創作出獨一無二的馬賽克藝術品。

010

這一門薪火相傳的馬賽克家族生意已傳到第四代，看到一個家族的後人如此珍惜前人流傳下來的傳統手藝，實在難得。

威尼斯的外島，是著名的手製玻璃產地。

那精巧細緻的藝術品原材料其實是 Murano 小島製造的玻璃。一塊塊的 Murano glass 從威尼斯運到工場，工匠先把玻璃放到焗爐加熱，然後拉成條狀。所有已形成條狀的玻璃會先儲存在牆櫃上，形成一幅美麗的彩虹牆，方便挑選顏色時一目了然。

開始製作馬賽克時，工匠先用粘土填滿框架的底部，然後根據所需長短切割玻璃，再按設計圖拼湊出獨具特色的圖案。最後完成拼湊後在表面塗上膠水等待風乾。

011

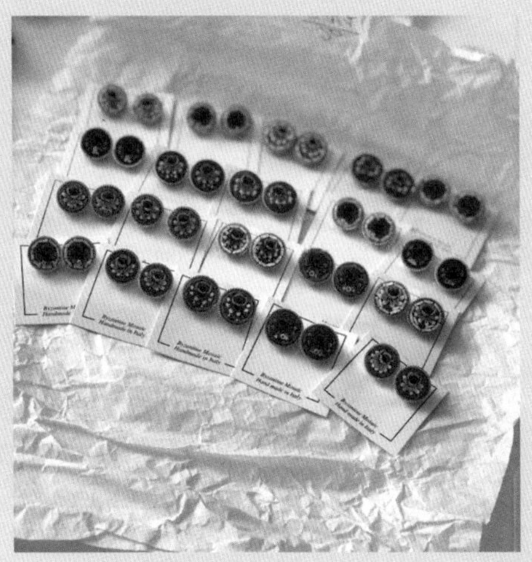

012

左　當時也幸運地找到他們數十年前流傳下來的庫存品。

右　馬賽克製成品。

畢業於香港理工大學時裝及紡織學院的我，自小已經喜歡時裝，喜歡獨一無二的配襯。長大後，幸運地遇上古着，奠定人生的方向。

從英國回港前，我到訪歐洲數個國家的市集中尋找貨源，算一算，原來已經跟不少賣家認識了一段不短的時間。

回港後，我開設了 Vintage1961 的 Facebook 專頁，登記了一個網址，就這樣開始網上售賣古着的「Hobby business」。那時網上購物沒有現在般普及，電子付款也沒有那麼方便。我還清楚記得收到第一位顧客下單時那種難以置信的興奮。

星期一至五打着一份全職的工作，星期六日就悠悠閒地拍照處理網上的生意，一直持續至第三年遇上的「市集熱潮」。這時可算是生意的增長期，但過程就辛苦多了。每天下班後管理網站，因為星期六日總是到市集擺攤。貪心的我要檔上的貨品包羅萬有，於是每次的貨 Van 也是裝得滿滿的，抬着重甸甸的貨品又上又落，難免周身骨痛。不過，市集提供了一個場所讓我面對面地與顧客交流，那種「實在感」是網上交易無法取代的。

轉眼又到星期一上班的日子，周而復始。

013

市集的攤檔旁是一個掛得滿滿的掛衫架。

不過，後來市集氾濫，每個週末都有數十個同時在舉行的時候，每個市集的遊人數量就攤分了。再加上網上的訂單又不多，這門小生意陷入樽頸位。我跟當時還是男友的丈夫説：「I need a change.」

腦海中的轉變有兩種： 1、放棄；2、轉型。

説「放棄」非常容易，但一想到以後的週末要做些甚麼的時候，我就慌張起來。沒有 Vintage，我人生的意義還餘下甚麼呢？於是，我四出搜尋價錢合適的店舖，希望經營一間小小的實體店。參觀過不少舊式工廈，但實在接受不了那種氛圍，而且租金也不算便宜，就在準備放棄之際，終於找到了銅鑼灣的一個迷你樓上舖位。我仍記得那間不足 50 呎的空間每月租金是 $4,700 。

一間簡陋的店舖、一張枱、一個衣架、一個小櫃就開始經營了。難以想像，曾經有客人在此狹小的空間「尋寶」了整整一個下午。第一次擁有實體店有種「夢想成真」的感覺！

三個月後，我搬到另一間大十呎但租金便宜數百元的單位。這個時候，我仍在兼顧全職工作，在「工餘」時間顧店。

一年後，再次在同幢大廈搬至更大的單位。在相對充裕的空間中，我終於可以放置一張小型工作枱。有了屬於自己的空間後，我同時做了一個大膽的決定：辭職。全情投入古着事業的我更於半年後推出自家的復古設計服飾——Femme libérée

後來，銅鑼灣店也似乎太小了。於是，我們搬到上環現址。

在經營古着生意外，我也與志同道合的攝影師 Iris Cheng （@文藝女生）一起舉辦懷舊攝影活動，推廣復古文化。

014

Vintage1961 1.0：第一間實體店

015

016

上　Vintage1961 2.0：把牆刷上綠色，加上窗簾作試身室，實在是麻雀雖小，五臟俱全。

下　Vintage1961 3.0：離開銅鑼灣前已經發展成大概 200 呎的小店。

我為女生提供復古造型指導，而 Iris 就在老香港的場景中為她們拍下優雅的一刻。

將昔日的優雅生活態度融入日常，這就是我一直想推廣的復古理念。

017

019

018

上 其中一個活動在美樂照相館舉行，大家也玩得不亦樂乎。

下 上環店的空間大了， 也能更容易營造懷舊的氣氛。

圖片來源

1900 – 1910

001 Photo by Micklethwaite, Frank William (1849-1925).

Courtesy of Toronto Public Library (https://www.torontopubliclibrary.ca/detail.jsp?Entt=RDMDC-PICTURES-R-6565&R=DC-PICTURES-R-6565).

002 Photographs of Miles Franklin, c. 1879-1954, PX*D 250 (v.1).State Library of New South Wales (http://digital.sl.nsw.gov.au/delivery/DeliveryManagerServlet?dps_pid=FL3250540&embedded=true&toolbar=false).

003 State Library of Queensland (https://digital.slq.qld.gov.au/delivery/DeliveryManagerServlet?change_lng=en&dps_pid=IE144282).

004 State Library of Queensland (https://digital.slq.qld.gov.au/delivery/DeliveryManagerServlet?change_lng=en&dps_pid=IE289839).

005 The Public Domain Review (https://publicdomainreview.org/collection/the-corset-x-rays-of-dr-ludovic-o-followell-1908).

006 Vintage1961 藏品

007 Library of Congress, Prints & Photographs Division, [reproduction number, LC-DIG-ggbain-34388] (https://www.loc.gov/pictures/item/2014714540/).

008 Frederick Danvers Power: photonegatives, 1898-1926, ON 225. Photo by Power, F. Danvers (Frederick Danvers), 1861-1955.

State Library of New South Wales (http://archival.sl.nsw.gov.au/Details/archive/110314358).

009 Courtesy of Toronto Public Library (https://www.torontopubliclibrary.ca/detail.jsp?Entt=RDMDC-PICTURES-R-5523&R=DC-PICTURES-R-5523).

010 Photographs of Miles Franklin, c. 1879-1954, PX*D 250 (v.1). State Library of New South Wales (http://digital.sl.nsw.gov.au/delivery/DeliveryManagerServlet?dps_pid=FL3250525&embedded=true&toolbar=false).

011 Vintage1961 藏品

012 State Library of Queensland (https://digital.slq.qld.gov.au/delivery/DeliveryManagerServlet?change_lng=en&dps_pid=IE114330).

013 Library of Congress, Prints & Photographs Division, [reproduction number,LC-DIG-ppmsca-09489] (https://www.loc.gov/pictures/item/2005691077/).

014-015 Vintage1961 藏品

016 John Oxley Library, State Library of Queensland (https://digital.slq.qld.gov.au/delivery/DeliveryManagerServlet?change_lng=en&dps_pid=IE1194202).

017 State Library of Queensland (https://digital.slq.qld.gov.au/delivery/DeliveryManagerServlet?change_lng=en&dps_pid=IE229102).

018 John Oxley Library, State Library of Queensland (hdl.handle.net/10462/deriv/115686).

019 Library of Congress, Prints & Photographs Division, [reproduction number, LC-DIG-ggbain-34177] (https://www.loc.gov/pictures/item/2014714329/).

020 State Library of Queensland (https://digital.slq.qld.gov.au/delivery/DeliveryManagerServlet?change_lng=en&dps_pid=IE258253).

021 Photographs of Miles Franklin, c. 1879-1954, PX*D 250 (v.1).State Library of New South Wales (http://digital.sl.nsw.gov.au/delivery/DeliveryManagerServlet?dps_pid=FL3250525&embedded=true&toolbar=false).

022–024	Vintage1961 藏品
025	Freer Gallery of Art, Smithsonian Institution, Washington, D.C.: Gift of Charles Lang Freer, F.1903.91a-b (https://asia.si.edu/object/F1903.91a-b/).
026–027	Vintage1961 藏品
028	德國膠木收藏家 Heike Sambuchi
	1910 – 1920
001	Gullick family, c.1909-1922, Slides 45. Photo by William Applegate Gullick. Mitchell Library, State Library of New South Wales (http://archival.sl.nsw.gov.au/Details/archive/110326923).
002	Science History Images / Alamy Stock Photo.
003	Library of Congress (https://www.loc.gov/item/92500399/).
004	Photo by Bain News Service, N.Y.C. George Grantham Bain Collection, Library of Congress, Prints & Photographs Division, [reproduction number, LC-USZ62-56758] (https://www.loc.gov/item/2004682017/).
005	Library of Congress (http://loc.gov/pictures/resource/cph.3a52979/).
006	Photo by Bain News Service, N.Y.C. George Grantham Bain Collection, Library of Congress, Prints & Photographs Division, [reproduction number, LC-USZ62-56760] (https://www.loc.gov/pictures/resource/cph.3b04593/).
007	Library of Congress, Prints & Photographs Division, [reproduction number, LC-DIG-hec-11384] (https://www.loc.gov/pictures/item/2016869486/).
008	Photo by Harris & Ewing. Library of Congress, Prints & Photographs Division, photograph by Harris & Ewing, [reproduction number, e.g., LC-USZ62-123456] (https://www.loc.gov/pictures/item/2016865497/).
009	Vintage1961 藏品
010	Courtesy of Toronto Public Library (https://www.torontopubliclibrary.ca/detail.jsp?Entt=RDMDC-PICTURES-R-4083&R=DC-PICTURES-R-4083).
011	Robert Simpson Company, *Simpson's Catalogue (Fall and Winter 1918-19)*, p.148. Courtesy of Toronto Public Library: Toronto Reference Library, from Internet Archive (https://archive.org/details/simpsons19181900simpuoft/page/n151/mode/2up).
012	Photo by Bain News Service, N.Y.C. George Grantham Bain Collection, Library of Congress, Prints & Photographs Division, [reproduction number, LC-USZ62-56770] (https://www.loc.gov/pictures/item/2004682005/).
013	Robert Simpson Company, *Simpson's Catalogue (Fall and Winter 1918-19)*, p.71. Courtesy of Toronto Public Library: Toronto Reference Library, from Internet Archive (https://archive.org/details/simpsons19181900simpuoft/page/n73/mode/2up).

014 Robert Simpson Company, *Simpson's Catalogue (Fall and Winter 1918-19)*, p.194 – 195.

Courtesy of Toronto Public Library: Toronto Reference Library, from Internet Archive (https://archive.org/details/simpsons19181900simpuoft/page/n197/mode/2up).

015 Robert Simpson Company, *Simpson's Catalogue (Fall and Winter 1918-19)*, p.159.

Courtesy of Toronto Public Library: Toronto Reference Library, from Internet Archive (https://archive.org/details/simpsons19181900simpuoft/page/n161/mode/2up).

016 Photo by Bain News Service, N.Y.C.

George Grantham Bain collection, Library of Congress, Prints & Photographs Division, [reproduction number, LC-USZ62-76300] (http://loc.gov/pictures/resource/cph.3b23491/).

017 Library of Congress, Prints & Photographs Division, [reproduction number, LC-DIG-ppmsc-05623] (https://www.loc.gov/pictures/resource/ppmsc.05623/).

018 State Library of Queensland (https://digital.slq.qld.gov.au/delivery/DeliveryManagerServlet?change_lng=en&dps_pid=IE248764).

1920 – 1930

001 Vintage1961 藏品

002 National Photo Company collection, Library of Congress, Prints & Photographs Division, [reproduction number, LC-DIG-npcc-27430] (https://www.loc.gov/pictures/item/2016850764/).

003 National Photo Company collection, Library of Congress, Prints & Photographs Division, [reproduction number, LC-USZ62-42063] (https://www.loc.gov/pictures/item/2002697164/).

004 George Grantham Bain Collection, Library of Congress, Prints & Photographs Division, [reproduction number, LC-DIG-ggbain-38932] (http://loc.gov/pictures/resource/ggbain.38932/).

005 George Grantham Bain Collection, Library of Congress, Prints & Photographs Division, [reproduction number, LC-DIG-ggbain-35550] (http://loc.gov/pictures/resource/ggbain.35550/).

006 State Library of Queensland (https://digital.slq.qld.gov.au/delivery/DeliveryManagerServlet?change_lng=en&dps_pid=IE364543).

007 National Photo Company collection, Library of Congress, Prints & Photographs Division, [reproduction number, LC-USZ62-106959] (https://www.loc.gov/pictures/item/92522659/).

008 Contributed by Morgan Litho Co. (Cleveland, Ohio), Courtesy of Toronto Public Library (https://www.torontopubliclibrary.ca/detail.jsp?Entt=RDMDC-OHQ-EPHE-S-R-258&R=DC-OHQ-EPHE-S-R-258).

009 Vintage1961 藏品

010 State Library of Queensland (https://digital.slq.qld.gov.au/delivery/DeliveryManagerServlet?change_lng=en&dps_pid=IE1186083).

011 National Photo Company Collection, Library of Congress (http://loc.gov/pictures/resource/cph.3b45868/).

012	Hood Collection part II: [Theatrical, Cinema; people, films and theatres], PXE 789 (v.56). Mitchell Library, State Library of New South Wales (http://digital.sl.nsw.gov.au/delivery/DeliveryManagerServlet?dps_pid=FL991060&embedded=true&toolbar=false).
013	George Grantham Bain collection, Library of Congress, Prints & Photographs Division, [reproduction number, LC-DIG-ggbain-24590] (http://loc.gov/pictures/resource/ggbain.24590/).
014	State Library of Queensland (https://digital.slq.qld.gov.au/delivery/DeliveryManagerServlet?change_lng=en&dps_pid=IE315077).
015	State Library of Queensland (https://digital.slq.qld.gov.au/delivery/DeliveryManagerServlet?change_lng=en&dps_pid=IE316604).
016	State Library of Queensland (https://digital.slq.qld.gov.au/delivery/DeliveryManagerServlet?change_lng=en&dps_pid=IE1340705).
017	State Library of Queensland (https://digital.slq.qld.gov.au/delivery/DeliveryManagerServlet?change_lng=en&dps_pid=IE174083).
018	Photo by Bain News Service, N.Y.C. The George Grantham Bain collection, Library of Congress, Prints & Photographs Division, [reproduction number, LC-USZ62-101391] (https://www.loc.gov/pictures/item/90710959/).
019	State Library of Queensland (https://digital.slq.qld.gov.au/delivery/DeliveryManagerServlet?change_lng=en&dps_pid=IE33637).
020	State Library of Queensland (https://digital.slq.qld.gov.au/delivery/DeliveryManagerServlet?change_lng=en&dps_pid=IE69517).
021	George Grantham Bain collection, Library of Congress, Prints & Photographs Division, [reproduction number, LC-DIG-ggbain-18348] (http://loc.gov/pictures/resource/ggbain.18348/).
022	State Library of Queensland (https://digital.slq.qld.gov.au/delivery/DeliveryManagerServlet?change_lng=en&dps_pid=IE192428).
023	George Grantham Bain Collection, Library of Congress, Prints & Photographs Division, [reproduction number, LC-DIG-ggbain-32453] (http://loc.gov/pictures/resource/ggbain.32453/).
024	George Grantham Bain Collection, Library of Congress, Prints & Photographs Division, [reproduction number, LC-DIG-ggbain-21169] (https://www.loc.gov/pictures/item/2014701107/).
025–032	Vintage1961 藏品
033	Vintage1961，鳴謝：Dr. Meanne Chan。
034–037	Vintage1961 藏品
	1930 – 1940
001	Vintage1961 藏品
002	State Library of Queensland (https://digital.slq.qld.gov.au/delivery/DeliveryManagerServlet?change_lng=en&dps_pid=IE1221399).
003	State Library of Queensland (https://digital.slq.qld.gov.au/delivery/DeliveryManagerServlet?change_lng=en&dps_pid=IE146196).

004-009	Vintage1961 藏品
010	State Library of Queensland (https://digital.slq.qld.gov.au/delivery/DeliveryManagerServlet?change_lng=en&dps_pid=IE1221390).
011	State Library of Queensland (https://digital.slq.qld.gov.au/delivery/DeliveryManagerServlet?change_lng=en&dps_pid=IE402140).
012	State Library of Queensland (https://digital.slq.qld.gov.au/delivery/DeliveryManagerServlet?change_lng=en&dps_pid=IE401147).
013	Vintage1961 藏品
014	State Library of Queensland (https://digital.slq.qld.gov.au/delivery/DeliveryManagerServlet?change_lng=en&dps_pid=IE24499).
015	State Library of Queensland (https://digital.slq.qld.gov.au/delivery/DeliveryManagerServlet?change_lng=en&dps_pid=IE154122).
016	Hood II : [Men's and women's fashion, Sydney Cup, Randwick, 1937], ON 204 Box 27 / 26-42. Mitchell Library, State Library of New South Wales (http://digital.sl.nsw.gov.au/delivery/DeliveryManagerServlet?dps_pid=FL1257780&embedded=true&toolbar=false).
017	State Library of Queensland (https://digital.slq.qld.gov.au/delivery/DeliveryManagerServlet?change_lng=en&dps_pid=IE1145559).
018	State Library of Queensland (https://digital.slq.qld.gov.au/delivery/DeliveryManagerServlet?change_lng=en&dps_pid=IE14965).
	1940 – 1950
001	Elizabeth Refchange Broken Hill cover girl, 13 December 1944, ON 388/Box 018/Item 106. Mitchell Library, State Library of New South Wales and Courtesy ACP Magazines Ltd. (http://archival.sl.nsw.gov.au/Details/archive/110588524).
002	Photo by Russell Lee. Library of Congress, Prints & Photographs Division, [reproduction number, LC-DIG-fsac-1a35015, LC-USW361-788] (http://loc.gov/pictures/resource/fsac.1a35015/).
003	State Library of Queensland (https://digital.slq.qld.gov.au/delivery/DeliveryManagerServlet?change_lng=en&dps_pid=IE298482).
004	Vintage1961 藏品
005	John Atherton.
006	Liz Tregenza.
007	Nylon Nostalgia.
008	Library of Congress, Prints & Photographs Division, [reproduction number, LC-DIG-fsac-1a35341, LC-USW361-109] (http://loc.gov/pictures/resource/fsac.1a35341/).
009	Contributed by Canada. Dept. of National War Services, National Salvage Campaign. Courtesy of Toronto Public Library (https://www.torontopubliclibrary.ca/detail.jsp?Entt=RDMDC-WEREINTHEARMYNOW&R=DC-WEREINTHEARMYNOW).
010–016	Vintage1961 藏品

017	State Library of Queensland (https://digital.slq.qld.gov.au/delivery/DeliveryManagerServlet?change_lng=en&dps_pid=IE1221402).
018	Vintage1961 藏品
019	Vintage1961 （攝影：hwp_story，化妝髮型：irismakeupavenue ，模特兒：Carmanxchan）
020	Vintage1961 藏品
021	State Library of Queensland (https://digital.slq.qld.gov.au/delivery/DeliveryManagerServlet?change_lng=en&dps_pid=IE1171031).
022	Vintage1961 藏品
023	Library of Congress, Prints & Photographs Division, [reproduction number, LC-DIG-fsac-1a35463, LC-USW361-752] (http://loc.gov/pictures/resource/fsac.1a35463/).
024	State Library of Queensland (https://digital.slq.qld.gov.au/delivery/DeliveryManagerServlet?change_lng=en&dps_pid=IE387439).
025	Item 25: Walkabout magazine : New South Wales photographs [Sydney restaurants & hotels, parks & fountains, streets & people, City & Harbour], PXA 907 Box 20. Mitchell Library, State Library of New South Wales and Courtesy Tourism Australia (http://digital.sl.nsw.gov.au/delivery/DeliveryManagerServlet?dps_pid=FL1037209&embedded=true&toolbar=false).
026–028	Vintage1961 藏品
029	State Library of Queensland (hdl.handle.net/10462/deriv/124849).
030	Vintage1961 藏品
031	State Library of Queensland (https://digital.slq.qld.gov.au/delivery/DeliveryManagerServlet?change_lng=en&dps_pid=IE182687).
032	State Library of Queensland (https://digital.slq.qld.gov.au/delivery/DeliveryManagerServlet?change_lng=en&dps_pid=IE1219425).
033	Junior announcers at ABC, 18 February 1944, ON 388/Box 019/Item 012. Photo by Ivan. Mitchell Library, State Library of New South Wales and Courtesy ACP Magazines Ltd. (http://digital.sl.nsw.gov.au/delivery/DeliveryManagerServlet?dps_pid=FL9549829&embedded=true&toolbar=false).
034–036	Vintage1961 藏品
	1950 – 1960
001	Vintage1961 （攝影：hwp_story，化妝髮型：irismakeupavenue，模特兒：Carmanxchan）
002–004	Vintage1961 藏品
005	State Library of Queensland (https://digital.slq.qld.gov.au/delivery/DeliveryManagerServlet?change_lng=en&dps_pid=IE175424).
006	State Library of Queensland (https://digital.slq.qld.gov.au/delivery/DeliveryManagerServlet?change_lng=en&dps_pid=IE388165).

007	Vintage1961 （攝影：iris@ 文藝女生，化妝髮型：Claudia Yeung，模特兒：Iwing）
008	匿名捐贈者
009–014	Vintage1961 藏品
015	Photo by: Toni Frissell. Toni Frissell Collection, Library of Congress, Prints & Photographs Division, [reproduction number, LC-USZC4-4320, LC-F9-01-5103-008-06] (http://loc.gov/pictures/resource/cph.3g04320/).
016	State Library of Queensland (https://digital.slq.qld.gov.au/delivery/DeliveryManagerServlet?change_lng=en&dps_pid=IE80101).
017–019	Vintage1961 藏品
020	State Library of Queensland (https://digital.slq.qld.gov.au/delivery/DeliveryManagerServlet?change_lng=en&dps_pid=IE146457).
021	Toni Frissell Collection, Library of Congress, Prints & Photographs Division, [reproduction number, LC-USZC4-4329] (http://loc.gov/pictures/resource/cph.3g04329/).
022	Vintage1961 藏品
023	State Library of Queensland (http://onesearch.slq.qld.gov.au/primo-explore/fulldisplay?vid=SLQ&search_scope=SLQ&docid=slq_digitool249617&lang=en_US).
024	State Library of Queensland (https://digital.slq.qld.gov.au/delivery/DeliveryManagerServlet?change_lng=en&dps_pid=IE1200325).
025	Vintage1961 藏品
026	© SAS/The SAS Museum, Oslo Norway (https://www.flickr.com/photos/sas-museum/26814502552/in/photostream).
027–032	Vintage1961 藏品
033	State Library of Queensland (https://digital.slq.qld.gov.au/delivery/DeliveryManagerServlet?change_lng=en&dps_pid=IE185336).
034–035	Vintage1961 藏品
	1960 – 1970
001	Archives New Zealand reference: AEPK 20231 W2774 Box 12. Archway Archives ID: R14847710 (https://www.flickr.com/photos/archivesnz/9623433779/).
002	Vintage1961，鳴謝：Lisa Jiang。
003–004	Vintage1961
005	Accession Number: ST-C117-12-62 Cecil Stoughton. White House Photographs. John F. Kennedy Presidential Library and Museum, Boston (https://www.jfklibrary.org/learn/about-jfk/media-galleries/first-lady-jacqueline-kennedy).
006	Accession Number: ST-C127-3-62 Cecil Stoughton. White House Photographs. John F. Kennedy Presidential Library and Museum, Boston (https://www.jfklibrary.org/learn/about-jfk/media-galleries/first-lady-jacqueline-kennedy).

007	Accession Number: ST-C117-41-62 Cecil Stoughton. White House Photographs. John F. Kennedy Presidential Library and Museum, Boston (https://www.jfklibrary.org/learn/about-jfk/media-galleries/first lady jacqueline kennedy).
008–010	Vintage1961 藏品
011	Archives New Zealand reference: ABHJ W3602 Box 6/4. Archway Archives ID: R2106487 (https://www.flickr.com/photos/archivesnz/40518290852/).
012	Jac. de Nijs, National Archives / Anefo photo Collection (https://www.nationaalarchief.nl/onderzoeken/fotocollectie/ab632ffa-d0b4-102d-bcf8-003048976d84).
013	© SAS/The SAS Museum, Oslo Norway (https://www.flickr.com/photos/sas-museum/27047652010/in/album-72157668995619215/).
014	Vintage1961 藏品
015	Archives New Zealand Reference: AAQT 6539 W3537 95 / A90605. Archway Archives ID: R24748100 (https://www.flickr.com/photos/archivesnz/37624674371/in/photostream/).
016	Archives New Zealand reference: AEPK 20231 W2774 Box 12. Archway Archives ID: R14847710 (https://www.flickr.com/photos/archivesnz/9626667896/in/photostream/).
017–018	Vintage1961 藏品
019	Archives New Zealand Reference: AAQT 6539 W3537 96 / A91064. Archway Archives ID: R24748242 (https://www.flickr.com/photos/archivesnz/36953776153/).
020–022	Vintage1961 藏品
023	Jac. de Nijs, National Archives / Anefo photo Collection (https://www.nationaalarchief.nl/onderzoeken/fotocollectie/ab08cfb0-d0b4-102d-bcf8-003048976d84).
024	Vintage 1961 （攝影：Luke Chan，化妝髮型：@angelchan.mua，模特兒：Kayla)
025	Library of Congress, Prints & Photographs Division, [reproduction number, LC-USZ62-21796, LC-USZ62-25815] (https://www.loc.gov/pictures/item/96525447/).
026	© SAS/The SAS Museum, Oslo Norway (https://www.flickr.com/photos/sas-museum/26757600342/in/photostream).
027	Vintage1961
	1970 – 1980
001	Archives New Zealand reference: AEPK 20231 W2774 Box 12. Archway Archives ID: R14847710 (https://www.flickr.com/photos/archivesnz/9623430911/).
002	Vintage1961 藏品

003	Eric Koch, Nationaal Archief / the Dutch National Archives (https://www.nationaalarchief.nl/onderzoeken/fotocollectie/ab63599e-d0b4-102d-bcf8-003048976d84).
004	Vintage1961 藏品
005	Little DOT Vintage
006	Item 0378: Tribune negatives including Mary Whitehouse demonstration and rally, Sydney, New South Wales, October 1978, ON 160/Item 0378. Mitchell Library, State Library of New South Wales and Courtesy SEARCH Foundation (http://archival.sl.nsw.gov.au/Details/archive/110369611).
007–010	Vintage1961 藏品
011	National Archives photo no. 594360 (https://catalog.archives.gov/id/594360).
012	Vintage1961 藏品
013	Lambert Family
014	Vintage1961 藏品
015	© SAS/The SAS Museum, Oslo Norway (https://www.flickr.com/photos/sas-museum/27046532320/in/photostream).
016	Archives New Zealand Reference: AAQT 6539 W3537 161 / B9646. Archway Archives ID: R24813402 (https://www.flickr.com/photos/archivesnz/32999058216/).
017	Vintage1961 藏品
018	Werner Otto / Alamy Stock Photo.
019	Vintage1961 藏品（1974 年 5 月 5 日《南國電影雜誌》）
020	Photo by: Jim Pickerell. U.S. National Archives and Records Administration, cataloged under the National Archives Identifier (NAID) 556808 (https://catalog.archives.gov/id/556808).
021	Archives reference: AAQT 6539 W3537 Box 131 B2447. Archway Archives ID: R24807761 (https://www.flickr.com/photos/archivesnz/29059307622/).
022	Official White House photograph, Library of Congress, Prints and Photographs Division, [reproduction number, LC-USZC4-2019, LC-USZ62-51913] (http://loc.gov/pictures/resource/cph.3g02019/).

1980 – 1990

001	Lambert Family.
002	Vintage1961 藏品
003	Vintage1961 （攝影：Luke Chan，化妝髮型：@angelchan.mua，模特兒：Kayla）
004	Vintage1961 藏品
005	Courtesy Ronald Reagan Presidential Library (https://catalog.archives.gov/id/75854397).